MATLAB 数学实验

主 编 于 凯 薛长虹

西南交通大学出版社
·成 都·

图书在版编目（C I P）数据

MATLAB 数学实验 / 于凯，薛长虹主编. —成都：
西南交通大学出版社，2014.2（2019.8 重印）
ISBN 978-7-5643-2858-0

Ⅰ. ①M… Ⅱ. ①于… ②薛… Ⅲ. ①Matlab 软件－应
用－高等数学－实验－高等学校－教材 Ⅳ. ①O13-33
②O245

中国版本图书馆 CIP 数据核字（2019）第 188878 号

MATLAB Shuxue Shiyan
MATLAB 数学实验

主编 于 凯 薛长虹

责 任 编 辑	张宝华
封 面 设 计	何东琳设计工作室
	西南交通大学出版社
出 版 发 行	（四川省成都市金牛区二环路北一段 111 号
	西南交通大学创新大厦 21 楼）
发 行 部 电 话	028-87600564　028-87600533
邮 政 编 码	610031
网　　　址	http://www.xnjdcbs.com
印　　　刷	四川森林印务有限责任公司
成 品 尺 寸	185 mm × 260 mm
印　　　张	16
字　　　数	401 千字
版　　　次	2014 年 2 月第 1 版
印　　　次	2019 年 8 月第 5 次
书　　　号	ISBN 978-7-5643-2858-0
定　　　价	42.00 元

重印说明

本书以 MATLAB 软件为平台，按照大学数学课程中的主脉，将高等数学、线性代数、概率统计、数学建模中的各类数学理论与计算，用 MATLAB 软件来编程实现.

依照本科基础课程应当重视实践环节的基本要求，大学数学实验课程成了高等学校数学教学实践环节中的一门重要课程，同时也成了大学数学教学改革的重要内容. 多年的教学实践表明，大学生学会以计算机为载体，应用优秀的数学软件做计算和科学研究，其工作会事半功倍，同时大大提高了解决问题的工作效率. 随着时代的进步，科技成果的积累，人们要想采摘科学顶端的明珠，必须站在巨人的肩膀上继续攀登. 因此，学习并掌握无数研究人员费尽心血不断更新换代的数学软件，应引起大学生与研究生的高度重视.

随着大学数学实验课程教学改革的推进，不同学科学生的学习与参与，以及 MATLAB 软件的不断更新升级，本书已经修订多次. 对于功能强大的 MATLAB 软件来说，本书虽然仍属入门级别的学习介绍，但每一次修订都加强了编程的通用性，并在数学逻辑思维清晰性方面做了不懈的努力.

MATLAB 大学数学实验课程完成本书内容的学习，需要 30～50 学时，老师可根据专业需要进行取舍；其教学方法应以多媒体教学与上机实验相结合，并在计算机房边讲边练为最好.

本书的每一章后面都给出了本章的常用函数，以方便查阅. 在第十章的数学实验课题中，对学生的实验作业给出了详细要求，并结合每一章的内容，让学生按照题目编程实现，有些题目后面还给出适当的编程提示，以方便初学者很快进入编程状态. 在每一章都有详细的实践编程讲解，并配有大量例题演示，所以本书也适合读者自学.

若各位同学和读者在阅读本书过程中，对书中的内容有疑问或发现有不妥之处，可通过微信或 QQ 与我联系，以便及时更正. 我的微信号：chxue180，我的 QQ 号：315165.

作 者

2019 年 8 月

第 1 版前言

MATLAB 是当今最优秀的数学软件之一，是大学数学实验课程最强有力的实现计算的工具，是各专业的科学研究与完成求解必备的应用软件之一.

大学数学实验课程是高等学校教学实践环节中的一门重要的课程，是大学数学教学改革的内容. 该课程的开设使得学生学会以计算机为载体，应用优秀的数学软件去做计算和研究工作，而对于非数学专业的学生不必再花大量的时间去钻研数学计算的算法与技巧，学习运用软件中由计算机学科及科技领域专业人士编写的函数与专业工具箱进行计算、编程、设计，可以大大提高工作效率. 时代的进步，要靠科技成果的积累，采摘科学顶端的明珠也要站在巨人的肩上攀登，所以熟练掌握并运用一个优秀的科技应用软件是一名大学生与研究生必备的技能.

本书结合大学数学课程内容，以美国 Mathworks 公司研制的数学软件 MATLAB 为计算工具，对如何运用该工具做微积分、空间解析几何、线性代数、概率统计、数学建模等大学数学课程中的各种数学计算及绘图，进行了详细的说明，并配有大量的例题和实验课题.

大学数学实验课程完成本书内容的学习需 $30 \sim 50$ 学时，可根据专业需要进行取舍. 教学方法以多媒体教学与上机实验相结合. 本书内容分为以下几个部分：软件入门与基本编程篇、空间向量与解析几何实验篇、线性代数实验篇、一元微积分实验篇、多元微积分实验篇、概率统计实验篇、数学模型实验篇. 书的后面配有软件基本编程课题、向量与几何绘图课题、代数实验课题、微积分实验课题、概率统计实验课题、数学模型实验课题. 本书所介绍的数学实验内容可与大学数学课程同步开设. 由于有详尽的方法介绍和例题演示及上机实验课题，本书也适合学生自学.

本书已经过多届大学生的使用，并在教学中不断改进和补充. 随着 MATLAB 软件的版本升级，功能越来越强大，专业工具箱也在不断增加. 部分函数名称及使用方法比照以前的版本也有所改变，故在学习中可实时查询软件中函数的帮助信息，了解函数调用格式与方法. 另外有与本书配套的数学实验课程讲座也随着教学实践会不断更新，放在作者主页《长虹雪苑》中的长虹教室数学实验课程的网页中. 目前《长虹雪苑》网站地址为：http://chxue.cuit.edu.cn/，希望各位读者在阅读本书的过程中，对书中的内容有疑问或发现有不妥之处时，能通过 E-mail 或 QQ 留言与我联系，以便及时修正. 我的 QQ 号是 315165，谢谢！

作 者

2013 年 10 月

目 录

第1章 MATLAB 认识与入门 …………………………………………………… 001

1.1 MATLAB 简介 …………………………………………………… 001

1.2 MATLAB 的发展史 …………………………………………………… 001

1.3 MATLAB 的主要功能和特性 …………………………………… 002

1.4 MATLAB 主包和工具箱 …………………………………………… 003

1.5 MATLAB 的安装与启动 …………………………………………… 004

1.6 MATLAB 入门 …………………………………………………… 005

1.7 常量、变量及常用函数 …………………………………………… 011

1.8 注 释 和 标 点 …………………………………………………… 013

1.9 编程环境及运行方法 …………………………………………… 014

1.10 本章常用函数 …………………………………………………… 019

第2章 MATLAB 编程初步 …………………………………………………… 020

2.1 构造函数 …………………………………………………………… 020

2.2 定义连续型的字符型函数 …………………………………… 024

2.3 用 m 文件定义的函数 …………………………………………… 024

2.4 字符型函数表达式的运算 …………………………………… 027

2.5 关系运算与逻辑运算 …………………………………………… 028

2.6 条件语句 …………………………………………………………… 032

2.7 循环语句 …………………………………………………………… 034

2.8 程序流程控制 …………………………………………………… 037

2.9 输出格式函数 …………………………………………………… 040

2.10 本章常用函数 …………………………………………………… 041

第3章 向量分析与曲线绘图实验 …………………………………………… 043

3.1 空间直角坐标系 ………………………………………………… 043

3.2 向量分析 …………………………………………………………… 044

3.3 图形绘制的基本知识 …………………………………………… 048

3.4 平面曲线的图形绘制 …………………………………………… 053

3.5 一元函数极坐标绘图 …………………………………………… 061

3.6 空间参数方程绘空间曲线图 ………………………………… 061

3.7　在同一个图形窗口中绘制多条曲线 ······················ 062

3.8　设计手绘曲线图 ·· 064

3.9　本章常用函数 ··· 067

第 4 章　曲面绘图与统计图实验 ································· 068

4.1　多元函数绘图 ··· 068

4.2　统计图形绘制 ··· 081

4.3　图像处理 ·· 086

4.4　视频读取与生成 ·· 087

4.5　动态图形 ·· 088

4.6　本章常用函数 ··· 089

第 5 章　线性代数实验 ·· 091

5.1　矩阵的创建 ·· 091

5.2　矩阵的编辑与元素的操作 ·· 095

5.3　矩阵的数据统计操作 ·· 099

5.4　矩阵的运算 ·· 102

5.5　向量组的相关性 ·· 103

5.6　求解线性方程组 ·· 104

5.7　矩阵的特征值与特征向量 ·· 106

5.8　二次型化标准形 ·· 107

5.9　多项式 ··· 109

5.10　线性代数应用举例 ··· 114

5.11　本章常用函数 ·· 116

第 6 章　一元微积分实验 ·· 118

6.1　符号运算 ·· 118

6.2　求解代数方程 ··· 123

6.3　函数的极限与连续性 ·· 125

6.4　求导数与微分 ··· 128

6.5　泰勒展开 ·· 131

6.6　求一元函数的极小值 ·· 132

6.7　一元函数积分 ··· 135

6.8　定积分的应用 ··· 136

6.9　微分方程 ·· 138

6.10　本章常用函数 ·· 141

第 7 章　多元微积分实验 ·· 142

7.1　多元函数定义 ··· 142

7.2 多元函数偏导数及高阶偏导数 ……………………………………… 143

7.3 多元函数的全微分 …………………………………………………… 144

7.4 多元函数的极值 ……………………………………………………… 145

7.5 重积分 ………………………………………………………………… 147

7.6 曲线积分 ……………………………………………………………… 149

7.7 曲面积分 ……………………………………………………………… 152

7.8 无穷级数 ……………………………………………………………… 155

7.9 函数计算器 …………………………………………………………… 160

7.10 本章常用函数 ……………………………………………………… 162

第 8 章 概率统计实验 …………………………………………………… 163

8.1 古典概型 ……………………………………………………………… 163

8.2 随机数的产生 ………………………………………………………… 164

8.3 随机变量与概率分布密度 …………………………………………… 166

8.4 随机变量与概率分布函数 …………………………………………… 169

8.5 随机变量的数字特征 ………………………………………………… 171

8.6 二维随机向量及其分布函数 ………………………………………… 174

8.7 统计中的样本数字特征 ……………………………………………… 175

8.8 参数估计 ……………………………………………………………… 179

8.9 假设检验 ……………………………………………………………… 180

8.10 方差分析与回归分析 ……………………………………………… 185

8.11 本章常用函数 ……………………………………………………… 193

第 9 章 数学模型实验 …………………………………………………… 194

9.1 线性规划模型 ………………………………………………………… 194

9.2 非线性规划模型 ……………………………………………………… 202

9.3 二次规划模型 ………………………………………………………… 209

9.4 多目标规划模型 ……………………………………………………… 211

9.5 最大最小化模型 ……………………………………………………… 216

9.6 (0-1)整数规划 ………………………………………………………… 219

9.7 分派问题 ……………………………………………………………… 220

9.8 曲线拟合 ……………………………………………………………… 222

9.9 插值问题 ……………………………………………………………… 230

9.10 本章常用函数 ……………………………………………………… 234

第 10 章 课程实验课题 ………………………………………………… 236

10.1 软件入门基础实验 ………………………………………………… 236

10.2 条件与循环语句编程实验 ………………………………………… 237

10.3 向量与曲线绘图实验 ……………………………………………… 239

10.4 曲面绘图与统计图实验 ………………………………………………………… 240

10.5 线性代数实验 …………………………………………………………………… 241

10.6 一元微积分实验 ………………………………………………………………… 244

10.7 多元微积分实验 ………………………………………………………………… 246

参考文献 …………………………………………………………………………… 248

第1章　MATLAB 认识与入门

1.1　MATLAB 简介

随着计算机技术的日新月异以及科学技术的发展，应用、掌握数学软件已成为我们日常学习与工作以及科学研究越来越不可或缺的技术手段. 在大学数学的学习过程中，微积分、线性代数、概率统计、数学建模等各个专业课程中的计算以及所参与的科学研究项目，常常需要进行大量的数值计算、符号解析运算、统计分析和图形及文字处理等，应用计算机处理已是必不可少的过程，而要实现这样的处理自然要用计算机语言来编程. 对于众多有计算及计算机处理需求的人来说，用计算机高级语言进行编程有一定的学习难度，且调试程序费时费力，因此，由专业人士用计算机语言编制好的数学软件便应运而生. Mathworks 公司推出的数学软件 MATLAB 就是适用于科学和工程计算的数学软件系统，它可以针对各类问题给出高效的算法. MATLAB 有着功能强大、范围广泛的基本运算体系，而且易学易用，因此受到越来越多的大学生和科技工作者的欢迎.

1.2　MATLAB 的发展史

MATLAB 的产生与数学计算是紧密联系在一起的. 20 世纪 70 年代中期，美国的 Moler 教授及其同事用 Fortran 语言编写了线性代数的许多运算程序. 然而，他们在给学生讲解线性代数课时发现，矩阵的计算、方程组的迭代求解等计算量都很大，为了让学生能更好地理解及应用线性代数理论及算法，要求学生以计算机为工具进行计算实验. 而代数课程的计算实验又不能在计算机语言编程上花费过多的时间，为了方便学生计算，Moler 教授编写了使用运算程序的接口程序. 由于基本数据结构是矩阵，他便将这个接口程序取名为 MATLAB，意为"矩阵实验室".

20 世纪 80 年代初，他们又采用 C 语言重新编写了 MATLAB 的核心，成立了 Mathworks 公司，并将 MATLAB 软件正式推向市场. 1984 年出版了第一个商业化的 DOS 版本，1992 年又推出具有划时代意义的 4.0 版. 之后逐步拓展了其数值计算、符号运算、文字处理、图形功能等. 1997 年推出的 5.0 版允许了更多的数据结构；1999 年推出的 5.3 版又进一步改进了其语言功能；2000 年以后又推出了不断更新的 6.X、7.X 版、2011 版到 2019 版，等等. 至今每年都有新的版本在更新，这些版本在数值计算、专业计算工具箱、界面设计以及外部接口等方面都有了极大的改进. MATLAB 软件始终处于持续不断的开发研究中，同时根据科研需要又在不断地增加各种功能，以使其应用领域更加广泛.

目前，MATLAB 已成为国际公认的最优秀的数学应用软件之一.

1.3　MATLAB 的主要功能和特性

1.3.1　主要功能

1. 数值计算功能

MATLAB 有超过 500 种以上的数学及各专业领域的函数，其形式简单自然，使用户大大提高了编程效率.

2. 符号计算功能

该软件引入了加拿大滑铁卢大学开发的 Maple 数学软件的符号运算内核，可直接推导字符型函数理论公式，如用不定积分求原函数、求出微分方程的解析解，等等.

3. 数据分析和可视化功能

该软件不仅可做各种统计数据分析，还可形成各类统计图，并且可以绘制工程特性较强的特殊图形，如玫瑰花图、三维等值线图、流沙图、切片图等. 另外，还可以生成快照图和进行动画制作，创建可视化界面进行交互式人机对话等，这大大提高了计算应用水平和便捷程度.

4. 文字处理功能

MATLAB Notebook 与 word 连接，为文字处理、科学计算、工程设计营造了一个和谐统一的工作环境. 它可用于编写软件文稿，文稿中的程序命令都可被激活，直接运行可将结果呈现在文稿中.

5. 可扩展功能

用户可自己编写 M 文件，组成自己的工具箱，形成解决专业领域计算的模块.

1.3.2　主要特点

1. 功能强大

MATLAB 含有众多函数供调用以及许多应用于不同领域的专业工具箱.

2. 界面友好

MATLAB 指令表达方式与习惯上的数学表达式非常接近且简短易记，编程效率高.

3. 扩展性强

用户可自由地开发自己的应用程序，编写成 M 文件组成或补充专业工具箱，非常方便地解决专业领域中常见的计算问题.

4. 帮助完善

有专门的例子演示系统 demo，有 helpwin、helpdesk 等联机帮助.

1.4 MATLAB 主包和工具箱

MATLAB 由主包和各种工具箱组成，其中，主包是核心，工具箱是扩展的有专门功能的函数集合.

1.4.1 核心主包

（1）	DATAFUN	数据分析和傅里叶变换函数
（2）	DATATYPES	数据类型和结构
（3）	DEMOS	例子
（4）	ELFUN	基本的数学函数
（5）	ELMAT	基本矩阵和矩阵操作函数
（6）	FUNFUN	功能函数
（7）	GENERAL	通用命令
（8）	GRAPH2D	绘制二维图形的函数
（9）	GRAPH3D	绘制三维图形的函数
（10）	GRAPHICS	通用绘图命令
（11）	IOFUN	低级文件 I/O 函数
（12）	LANG	语言结构设计和调试函数
（13）	MATFUN	矩阵函数——数值线性代数
（14）	OPS	运算符和特殊符号
（15）	POLYFUN	多项式和插值函数
（16）	SPARFUN	稀疏矩阵函数
（17）	SPECFUN	特殊数学函数
（18）	SPECGRAPH	特殊图形函数
（19）	STRFUN	字符串函数
（20）	TIMEFUN	时间、日期和日历函数
（21）	UETOOLS	GUI 设计工具
（22）	WINFUN	Windows 操作系统接口函数

1.4.2 主要工具箱

（1）	SYMBOLIC	数学符号工具箱
（2）	SIMULINK	仿真工具箱
（3）	CONTROL	控制系统工具箱
（4）	WAUELET	小波工具箱
（5）	FUZZY	模糊逻辑工具箱
（6）	NNET	神经网络工具箱

（7）COMM　　　　　　　通信工具箱
（8）LMI　　　　　　　　线性矩阵不等式工具箱
（9）IMAGES　　　　　　图像处理工具箱
（10）OPTIM　　　　　　最优化工具箱
（11）PDE　　　　　　　偏微分方程工具箱
（12）FINANCE　　　　　财政金融工具箱
（13）MPC　　　　　　　模型预测控制工具箱
（14）SPLINES　　　　　样条工具箱
（15）STATS　　　　　　统计工具箱
（16）DATABASE　　　　数据库工具箱
（17）SIGNAL　　　　　信号处理工具箱
（18）DAQ　　　　　　　数据采集工具箱
（19）DIALS　　　　　　计量仪表模块集
（20）RQTGEN　　　　　MATLAB 报告发生器
（21）RPTGENEXT　　　Simulink 报告发生器
（22）POWERSYS　　　动力系统模块集
（23）COMPILER　　　MATLAB 编译器
（24）NAG　　　　　　数值和统计工具箱
（25）MAP　　　　　　地图绘制工具箱
（26）QRT　　　　　　控制系统设计工具箱
（27）FIXPOINT　　　固定点模块集
（28）DSPBLKS　　　数字信号处理模块集
（29）FDIDENT　　　频域识别工具箱
（30）HOSA　　　　　高阶谱分析工具箱
（31）NCD　　　　　　非线性控制系统设计模块集
（32）MUTOOLS　　　μ 分析与综合工具箱
（33）ROBUST　　　　鲁棒控制工具箱
（34）IDENT　　　　　系统识别工具箱
（35）RTW　　　　　　Real-Time Workshop 工具箱
（36）SB2SL　　　　　Systembuild 到 Simulink 的转换器
（37）TOUR　　　　　MATLAB 漫游
（38）STATEFLOW　　Stateflow 工具箱
（39）LOCAL　　　　　用于局部环境设置的 M 文件

1.5　MATLAB 的安装与启动

1.5.1　MATLAB 的安装

（1）下载 MATLAB 在其目录下直接运行 "Setup.exe" 程序.

（2）下载解压 MATLAB 软件压缩包.

（3）根据安装对话窗口提示进行安装.

（4）在桌面建立 MATLAB 快捷方式.

1.5.2　启动 MATLAB 软件

在 Win 桌面上双击 MATLAB 快捷图标：

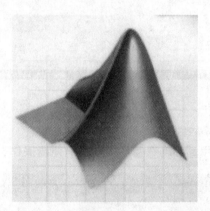

进入 MATLAB 软件.

1.6　MATLAB 入门

1.6.1　MATLAB 中的常用窗口

不同的版本，其界面不一定相同，下面以 MATLAB2014a 汉化版为例.（若习惯使用英文版，可将系统文件夹汉化包更名）

1. 主页卡片窗口

选择窗口上端的主页卡片菜单，可实现许多功能，如图 1.1 所示.

图 1.1

在命令行窗口的命令行提示符>>后面可以输入命令行，实现计算及命令操作，如图 1.2 所示.

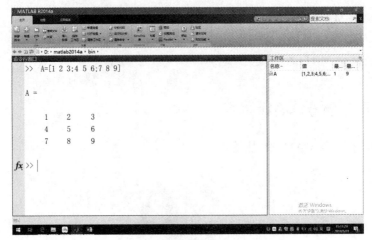

图 1.2

2. 绘图卡片窗口

点击窗口上端的绘图卡片,可以选择许多绘图的便捷操作,如图 1.3 和图 1.4 所示.

图 1.3

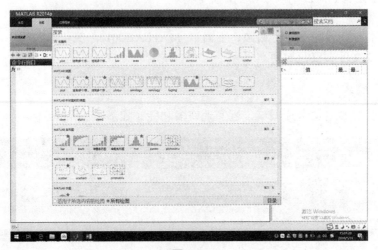

图 1.4

3. 应用程序卡片窗口

点击窗口上端的应用程序卡片可选择不同的应用程序,如图 1.5 所示.

图 1.5

4. M 文件编辑窗口

点击主页卡片左上角的新建脚本图标,在该窗口中编程,可保存函数式文件或脚本式程序集文件,再到命令行窗口调用或运行,如图 1.6 所示.

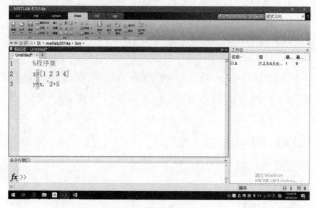

图 1.6

5. 图形窗口 Figure

在命令行窗口命令行键入 figure 或在运行的程序中遇到绘图命令都会打开图形窗口,图 1.7 是在命令行窗口命令行键入 surf(peaks)运行后生成的.

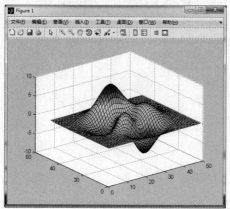

图 1.7

6. 变量窗口

变量窗口在编辑窗口的右边工作区，可以看到运行程序之后生成的变量，如图 1.8 所示.

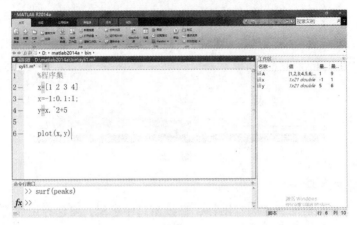

图 1.8

1.6.2　MATLAB 命令行窗口编程

在命令行窗口，>>为命令行提示符，在该提示符后可直接输入运算程序进行运算.

例1　输入一个矩阵 *a*，做 *a* 的转置矩阵 *a*1，*a* 的行列式 *a*2，随机生成整数矩阵 *ae*.
程序如下：

a = [1 2 3；4 5 6；7 8 9]

a1 = a'

a2 = det(a)

ae = fix(15*rand(2,3))

当语句后面没有分号时，回车便直接显示运行结果. 当语句后面加上分号时，不显示所生成的变量；若要显示一个已经生成的变量，只需键入变量名回车即可.（注意重新显示一个已有的变量内容时，变量名后不要加等号），如图 1.9 所示.

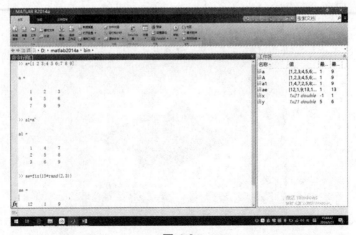

图 1.9

1.6.3　参数设置

编程过程中，需要对数据进行格式设置. 点击常用主页卡片中的<预设>图标，可进行参数设置中的数据格式选择（见图 1.10）、字体大小选择（见图 1.11）、窗口前台字体颜色及背景颜色选择（见图 1.12）.

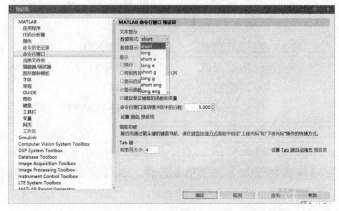

图 1.10

图 1.11

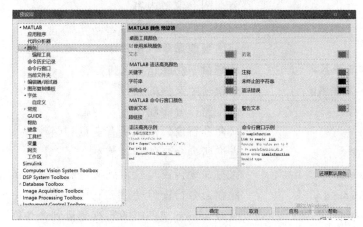

图 1.12

数据格式列表与示例如下：

数据格式	解　释	示例 $a = 1/3$
short	短格式	0.3333
long	长格式	0.33333333333333
hex	十六进制	3fd5555555555555
bank	金融格式	0.33
plus	+格式	+
short E	短指数格式	3.3333e-001
long E	长指数格式	3.33333333333333e-001
short G	短紧缩格式	0.33333
long G	长紧缩格式	0.333333333333333
rational	有理格式	1/3
loose	稀疏格式	0.3333

数据格式的设定可以在设置的下拉菜单上选择，也可在程序中直接用程序语句设置. 格式为：

　　　　format　　<数据格式名>

程序运行到该语句之后的所有数据，可用其新设定的数据格式显示，再运行 format 后恢复成默认的短格式.

　　例如，设置有理格式：format rational

　　设置短格式：format short

　　设置长格式：format long

1.6.4　命令行窗口命令行的编辑与运行

有关命令行窗口的一些常用操作命令为：

（1）clc	清空命令窗口，光标回到屏幕左上角
（2）clear	从命令行窗口清除所有变量
（3）clf	清空图形窗口内容
（4）who	列出当前命令行窗口中的变量
（5）whos	列出当前命令行窗口中的变量及信息
（6）delete <文件名>	从磁盘中删除指定文件
（7）whech <文件名>	查找指定文件的路径
（8）more	命令窗口分布输出
（9）clear all	从命令行窗口清除所有变量和函数
（10）help <命令名>	查询所列命令的帮助信息
（11）save neame	保存命令行窗口变量到文件 neame.mat
（12）save neame x y	保存命令行窗口变量 x, y 到文件 neame.mat
（13）load neame	装载'neame'文件中的所有变量到命令行窗口
（14）load neame x y	装载'neame'文件中的变量 x, y 到命令行窗口

（15）diary neame.m   保存命令行窗口一段文本到文件 neame.m
        … diary off
（16）type neame.m   在命令行窗口查看名字为 neame.m 文件的内容
（17）what   列出当前目录下的 m 文件和 mat 文件

1.6.5 命令行窗口命令行的热键操作

命令行窗口命令行的热键操作为：

↑	Ctrl+p	调用上一行命令
↓	Ctrl+n	调用下一行命令
←	Ctrl+b	光标退后一格
→	Ctrl+f	光标前移一格
Ctrl + ←	Ctrl+r	光标向右移一个词
Ctrl + →	Ctrl+l	光标向左移一个词
Home	Ctrl+a	光标移到行首
End	Ctrl+e	光标移到行尾
Esc	Ctrl+u	清除行
Del	Ctrl+d	清除光标后字符
Backspace	Ctrl+h	清除光标前字符
Ctrl+k		清除光标至行尾字符
Ctrl+C		中断程序运行

注意： 最后一项中断程序热键是运行程序中常用的，当命令行窗口没有出现命令行提示符时，选定的程序语句集不运行，需操作 Ctrl+C，让命令行出现提示符>>之后再运行选定的程序.

1.7 常量、变量及常用函数

1.7.1 常量与变量

MATLAB 中的数采用十进制表示，如：5 -87 0.23 1.2e-4 2.6e42 5+2i 2.6-3.5i.

在缺省情况下，当结果是整数时，MATLAB 将它作为整数显示；当结果是实数时，MATLAB 以小数点后 4 位的精度近似显示. 如果结果中的有效数字超出了这一范围，MATLAB 以科学计数法来显示结果.

变量名以字母开头，后面可以是字母、数字或下划线. 变量名最多不超过 19 个字符，第 19 个字符之后的字符将被忽略. 变量名区分字母大小写.

系统启动时定义的变量为：

变量名	含 义
ans	用于接收结果的缺省变量名
eps	容差变量，计算机的最小数，一般为 2^{-52}
pi	圆周率 π 的近似值 3.141 592 653 589 79
inf	无穷大，如 1/0
NaN	不定量，如 0/0, ∞ / ∞
i 和 j	虚数单位 $i = \sqrt{-1}$ 或 $j = \sqrt{-1}$

一般地，不要用系统定义的变量名作为自定义变量名，i 和 j 有时定义为循环变量，清除之后自动恢复成虚数单位.

1.7.2 常用函数

1. 三角函数与反三角函数

函数名	含 义
sin( )	正弦函数
cos( )	余弦函数
tan( )	正切函数
cot( )	余切函数
asin( )	反正弦函数
acos( )	反余弦函数
atan( )	反正切函数
acot( )	反余切函数
sec( )	正割函数
csc( )	余割函数
asec( )	反正割函数
acsc( )	反余割函数
sinh( )	双曲正弦函数
cosh( )	双曲余弦函数
tanh( )	双曲正切函数
asinh( )	反双曲正弦函数
acosh( )	反双曲余弦函数
atanh( )	反双曲正切函数

2. 指数函数与对数函数

函数名	含 义
exp( )	指数函数
sqrt( )	平方根函数
log( )	自然对数函数
log10( )	常用对数函数

3. 舍入函数

函数名	含　义
fix( )	向零方向取整
ceil( )	向+∞方向取整
floor( )	向−∞方向取整
round( )	四舍五入取整
rem(a,b)	a 除以 b 取余
sign( )	符号函数

4. 其他常用函数

函数名	含　义
abs( )	绝对值函数
factor( )	质数分解函数
factorial( )	阶层函数

1.8　注释和标点

1.8.1　程序中的注释语句

程序中的注释语句前要用 % 标注，百分号后到行尾的所有文字自动呈现绿色为注释，不参与编译和运算. 注释语句可以从行首开始，也可以放在程序语句的后面. 若注释语句需要占多行，需在每行行首加 %. 多行文本需要加 % 时，可选定多行文本后用 Ctrl+R.

例 2　用注释作题标.

　　%第一次作业
　　%第一大题

例 3　用注释解释前面语句的意义.

　　syms x y　　　　%定义符号变量 x, y

1.8.2　程序中的标点符号

逗号“，”与分号“；”在程序中的作用都是语句结束符. 在同一行可写多句程序命令，每行中每条命令语句间用逗号或分号分隔；两者的不同是：逗号结束表示要显示该语句运行结果，分号结束表示不显示运行结果. 在程序语句集中回车符也是程序语句结束符，运行时会显示运行结果.

例 4　不同结束语句的符号，运行时显示的状态不同.

程序行：$x = [2,3]$；$y = [4,5]$；$z1 = x+y, z2 = x'*y$

运行结果如下：

```
       z1 =
            6     8
       z2 =
            8    10
           12    15
```

编程时，一条长语句也可以写成多行，在行尾用 3 个点表示该语句未完，续在下一行.

例 5 $f = 3*x^6+4*x^5-8*x^4+...$

$\qquad\qquad 7*x^3+8*x^2-3*x+35$

注意：续行时变量名不能分割成两行，注释语句不能用续行符，多行注释需在每行开头标注%.

1.9   编程环境及运行方法

1.9.1   编程环境为命令行窗口编程举例

在命令行窗口的命令行提示符>>后面键入程序语句，然后回车运行.

例 6   当自变量 $x = \dfrac{2}{3}\pi$ 时，求函数 $y = \sin x + \cos x$ 的值.

在命令行窗口操作，如图 1.13 所示.

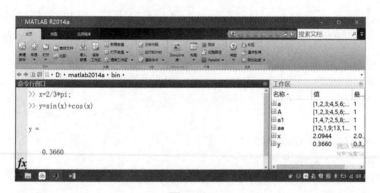

图 1.13

我们看到，命令行窗口结果显示的行距较宽，这是可以调整的，使用命令:format compact; 翻译过来就是"紧凑格式"的意思. MATLAB 默认的显示格式是 format loose; 即"松散格式"，回到默认格式只需输入 format. 以后遇到这种问题，可以查帮助. 比如此问题，知道它是与格式有关的，那么就可以输入 help format 命令或 doc format 命令进行查看，仔细看看它的帮助文档，就会了解命令功能.

例 7   当自变量 $x = 2, 3, 7, 15$ 时，求函数 $y = x^2 + 3x - 6$ 的值.

在命令行窗口操作，如图 1.14 所示，观察比较显示的紧凑格式.

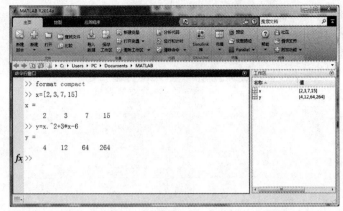

图 1.14

例 8 当自变量 $x = -2, -1, 0, 1, 2, 3$ 时，求函数 $y = e^x - |x| + \sqrt{x^2 + 3}$ 的值. 在命令行窗口操作，如图 1.15 所示.

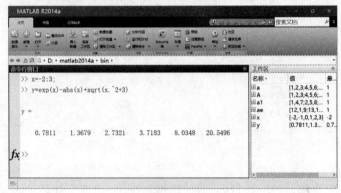

图 1.15

1.9.2 编程环境为 m 文件编辑器的窗口

程序模块一般在 m 文件编辑器的窗口中进行编辑.

（1）建立新的 m 文件的方法：

方法一： 单击主页卡片左上角第一个新建脚本图标，如图 1.16 所示.

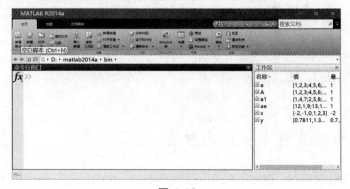

图 1.16

方法二：在命令行窗口命令行键入 edit，回车运行，如图 1.17 所示.

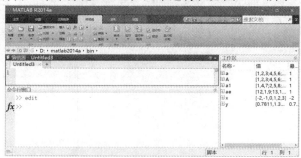

图 1.17

（2）打开已有的 m 文件的方法：

单击主页卡片左上角第三个黄色的文件夹图标，会打开一个文件对话框，在其中选择要编辑的 m 文件，点击<打开>按钮，如图 1.18 所示.

图 1.18

在 m 文件编辑器中编写一段语句后，首次按保存按钮，出现文件名对话框，键入文件名（注意文件名必须是字母开头，后面可以有字母、数字、下划线，不可以有其他字符），点击保存按钮. 如图 1.19 所示.

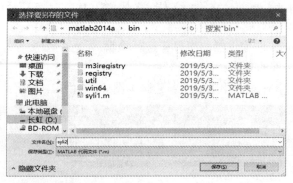

图 1.19

1.9.3 运行 m 文件中程序的方法

新的 m 文件编辑后保存，例如，保存的文件名是：syli2.m. 运行整个文件中的程序可在命令行窗口命令行键入保存的文件名：syli2，回车即可运行. 或在 m 文件编辑卡片上按绿色箭头运行键，可在命令行窗口运行当前编辑窗口的所有程序. 如图 1.20 所示.

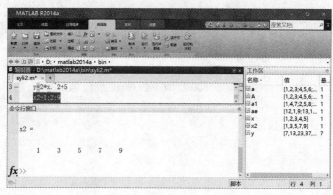

图 1.20

如要运行部分程序段，可在编辑窗口将要运行的程序段用鼠标选定，按 F9 键，再到命令行窗口看运行的结果. 如有错误信息可回到 m 文件编辑窗口进行程序的修改.

1.9.4 运行 m 文件的路径问题

初学者在运行已经编辑好的 m 文件时，经常会出现找不到该文件的问题，这是因为 m 文件的存储路径出现了问题.

m 文件在储存时，MATLAB 有默认的路径，一般在系统文件的 bin 文件夹下；在运行该 m 文件时，软件系统会自动按照默认路径查到该文件并运行.

若要将编辑的 m 文件储存在自己的工作目录下，比如桌面或 U 盘等位置中，则需用函数 path 建立搜索路径，否则系统找不到自定义路径下的文件.

（1）将自己放置的文件路径加在 MATLAB 默认的路径之后的函数设置方法为：

在命令行窗口的命令提示符后面输入：

    >>path(path,'C:\my_work')　%单引号中是自定义路径

（2）将自己的文件路径加在 MATLAB 默认的路径之前的函数设置方法为：

在命令行窗口的命令提示符后面输入：

    >>path('C:\my_work', path)

如果你不想每次进入 MATLAB 都要键入 path 指令，可定义一个 startup.m 文件，并将它置于 MATLAB 主目录下，这样每次启动 MATLAB 时就会自动执行这个 startup.m 文件.

1.9.5 m 文件编程举例

m 文件分为函数式 m 文件和脚本式 m 文件，其中函数式 m 文件首先需用固定的格式.

（1）函数式 m 文件用于定义函数.

例 9 用 m 文件编辑器编写函数文件 f.m，其中函数 $f = \mathrm{e}^{2x} + \dfrac{x^2+1}{x^3-2x+3}$，并求 $f(2), f(-4)$ 的函数值.

编写函数式 m 文件，可在主页卡片选择<新建>菜单下的函数，打开函数式文件编辑窗口，如图 1.21 所示．

图 1.21

修改为自己定义的函数名和变量名，输入函数体，如图 1.22 所示，保存成与函数名相同的文件名（首次保存会自动写入文件名输入框）．

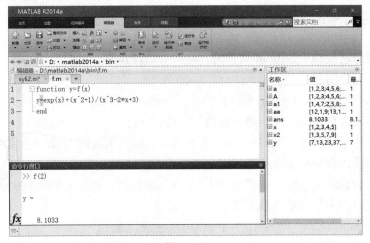

图 1.22

保存后在命令行窗口调用，赋实参求函数值．

（2）脚本式 m 文件用于编写程序语句集．

例 10 用 m 文件编辑器编写程序集的脚本式 m 文件来完成以下实验题目．

第一大题：

1. 已知 $a1 = 3-i, b1 = 4+2i$ ，计算： $c1 = a1+b1; c2 = a1 \cdot b1$ ．

2. 已知 $x1 = 35°, x2 = \dfrac{\pi}{4}$ ，计算： $y1 = \tan(x1) + \cos(x2)$ ．

第二大题：

1. 生成矩阵 $A = \begin{pmatrix} 2 & 3 & 1 \\ 5 & 7 & 3 \\ 2 & 5 & 6 \end{pmatrix}, \quad B = \begin{pmatrix} 4 & 3 & 6 \\ 3 & 7 & 8 \\ 2 & 5 & 9 \end{pmatrix}$ ．

2. 计算： $D1 = A \cdot B; D2 = |A| \cdot |B|$ ．

第三大题：

已知三角形的三边 $a = 3.2, b = 4.5, c = 6.3$ ，求三角形的面积 $A3$.

（提示：求三角形面积的公式 $A3 = \sqrt{s(s-a)(s-b)(s-c)}$ ，其中 $s = (a+b+c)/2$ ）

编辑完成所有题目的程序集 m 文件，如图 1.23 所示.

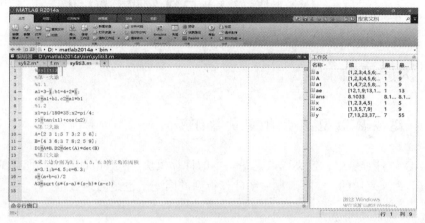

图 1.23

点击运行按钮，在命令窗口显示运行结果，如图 1.24 所示.

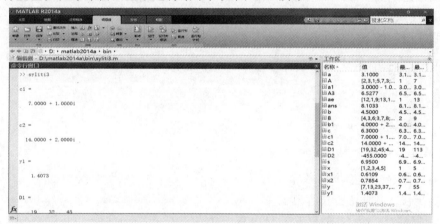

图 1.24

1.10 本章常用函数

函数调用格式	功能作用
clc	清空命令窗，光标回到屏幕左上角
clear	从命令行窗口清除所有变量
Ctrl+C	中断程序运行
Ctrl+R	多行前加%
path(path,'C:\my_work')	在默认路径后增加新的搜索文件路径

第2章 MATLAB编程初步

2.1 构造函数

2.1.1 建立离散型函数自变量数组

MATLAB 软件程序中，定义函数是最基本的计算模块. 在数值计算中，函数的自变量数据是用数组形式来表达的. 按照函数关系计算得到的因变量也是同维数组.

1. 指定元素数组构造法

首先给要定义的数组一个变量名，变量名只能用字母开头，而且变量名中只能含有字母、数字、下划线这三类字符；数组输入用方括号[ ]，元素之间用空格或逗号间隔.

例1 创建已知元素数组 $x = (3\ 5\ 2\ 6\ 7\ 3\ 9)$.

编写程序语句如下：

```
x = [3 5 2 6 7 3 9]
```

运行结果如下：

```
x =
    3  5  2  6  7  3  9
```

2. 元素等差间隔数组的冒号构造法

输入格式：x = 初值:步长:终值

若省略步长，其默认步长值为 1.

例2 创建数组 $x = (1\ 3\ 5\ 7\ 9\ 11\ 13)$.

程序如下：

```
x = 1:2:13
```

运行结果如下：

```
x =
    1  3  5  7  9  11  13
```

例3 创建数组 $x = (1\ 2\ 3\ 4\ 5\ 6\ 7\ 8)$.

程序如下：

```
x = 1:8
```

运行结果如下：

```
x =
    1  2  3  4  5  6  7  8
```

例 4 在命令行窗口创建数组 x，其初值为 –1，终值为 1，步长为 0.1.

程序及运行结果如图 2.1 所示：

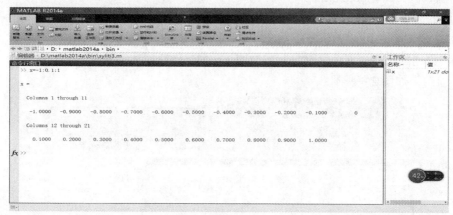

图 2.1

当数据较多，一行显示不下，屏幕上会分行显示，其中

Columns 1 through 11 表示下行数据是数组第 1 列至第 11 列的数据；

Columns 12 through 21 表示下行数据是数组第 12 列至第 21 列的数据.

该数组共有 21 个元素，窗口一行显示不下就会分行显示，所分的行数与窗口大小和字体大小有关. 运行程序时尽量让命令行窗口宽一些，字体不要选择得过大，这样可减少显示的行数.

3. 元素等差间隔数组的函数构造法

数组定义在区间[a, b]上，包括端点，等分插入 n 个点.

调用函数格式：linspace (a,b,n)

说明：a, b 为初值与终值，n 为插点个数.

例 5 创建在区间[0, π]上等分的 10 个等分插值点构成的数组 x1.

程序及结果如图 2.2 所示：

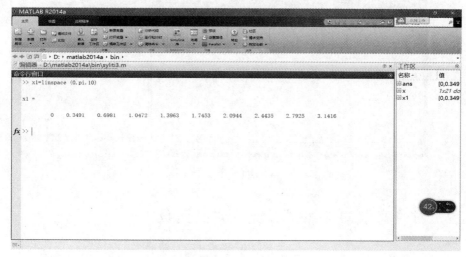

图 2.2

4. 随机产生数组元素的构造法

调用函数格式：x = rand(n,m)

说明：n 为行数，m 为列数，随机数在 0~1 之间. 产生一行的数组 n 取 1，产生一列的数组 m 取 1.

例 6 创建随机产生 6 个元素一行的数组 a，创建随机产生 6 个元素一列的数组 b.

程序及结果如图 2.3 所示：

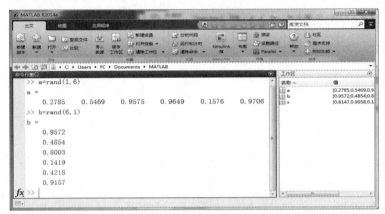

图 2.3

5. 创建随机整数数组的方法

调用格式：x = fix(rand(1,n)*50)

说明：随机创建 n 维数组，扩大 50 倍是为使小数点后移两位，再向零取整，得两位随机整数数组 x. 所乘的倍数可以是任意实数，不影响随机性.

例 7 创建 6 维随机整数数组 x.

程序及结果如图 2.4 所示：

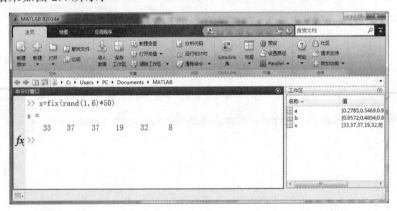

图 2.4

2.1.2 对应离散的数组型自变量定义函数

先定义自变量的数组，再定义函数表达式，就得到同维的对应的函数值数组.

例 8 求当 $x = 4,5,8,-3$ 时，函数 $y = 3x + e^{2x}$ 的函数值.

程序及结果如图 2.5 所示：

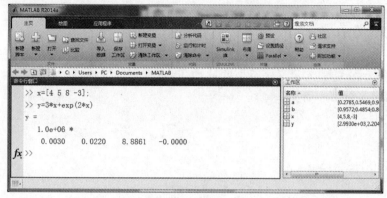

图 2.5

其结果中 1.0e+06 是数据的指数格式，表示 10^6，即结果是用 10^6 分别乘以下面的四个数：

0.0030   0.0220   8.8861   -0.0000

2.1.3   用键盘输入自变量的数值，对应给出函数值

键盘输入给变量 x 的调用格式为：$x = \text{input}('x = ')$

其中括号里面的字符串 '$x = $' 用于屏幕提示.

例 9 用键盘输入自变量 x 的数值，对应给出函数 $y = 2x^2 + 1$ 的值.

在 m 文件编辑窗口输入程序如下：

```
x = input('x = ');
y = 2*x^2+1
```

运行时，命令行窗口显示 x = ，后有光标在闪烁，意在等待用户输入，当输入 3 后，回车得 y = 19. 也可以输入多个自变量数据的数组，得到因变量数组. 如图 2.6 所示.

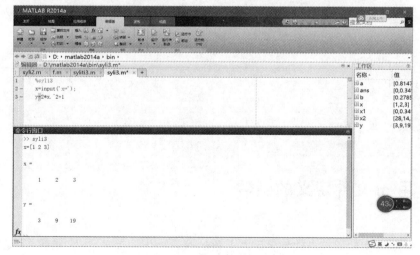

图 2.6

2.2 定义连续型的字符型函数

2.2.1 定义函数

用程序语句 syms x，先定义字符型变量 x，再定义字符型函数.

例 10 定义字符型函数 $y = \sin x + 3x + 5$.

程序如下：

```
syms x
y = sin(x)+3*x+5
```

2.2.2 求函数值

求字符型函数对应某个自变量值的函数值的方法是：先给自变量赋值，再调用 eval(y)求得函数值.

例 11 求例 10 中函数定义后当 $x = \pi$ 时的函数值，并赋给 $y1$.

程序如下：

```
syms x
y = sin(x)+3*x+5
x = pi;
y1 = eval(y)
```

当给 x 以数组赋值，也可以同时求多个自变量对应的函数值.

例 12 定义字符型函数 $y = 1 - 2x + x^2$，当 $x = 1, 3, -2$ 时的函数值.

程序如下：

```
syms x
y = 1-2*x+x^2;
x = [1,3,-2];
y2 = eval(y);
```

运行结果如下：

```
y2 =
     0    4    9
```

2.3 用 m 文件定义的函数

建立函数式 m 文件，点击软件界面左上角的<新建>下拉菜单，选<函数>（见图 2.7）.

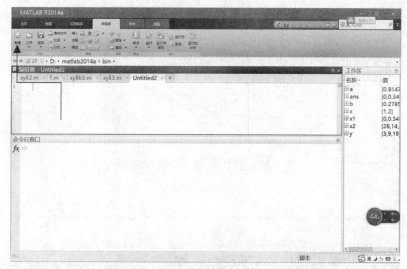

图 2.7

打开的函数 m 文件编辑窗口中，已经给出了编辑函数式文件的固定格式（见图 2.8）：

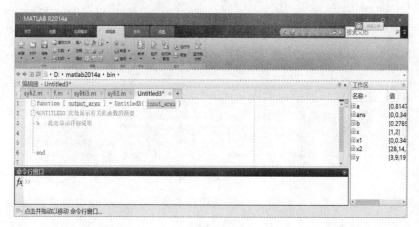

图 2.8

其中 function 后面的方括号中是函数的因变量，可以是单个或多个因变量；等号后面是函数名；圆括号中是自变量，可以是单个或多个自变量. 打开窗口后自行修改定义各类变量名. % 后是注释函数的介绍（也可省略），中间编辑定义函数体，最后以 end 结束.

也可以打开脚本式 m 文件编辑窗口，此时，必须在第一行输入固定的函数文件格式 function（正确输入会呈现蓝色字样）. 例如，在第一行键入

> function y = f(x)

其中等号左边是因变量名，等号右边是函数名，括号里面是自变量名.

例 13　编辑函数 $f1 = x^3 + \sin(x) - \mathrm{e}^x$.

在刚打开的函数 m 文件编辑器窗口修改输入（或在新的脚本 m 文件中输入）（见图 2.9）：

首次保存，在对话框中文件名会自动写有函数名 f，请不要修改成其他名称，函数文件名要与定义的函数名一致（见图 2.10）.

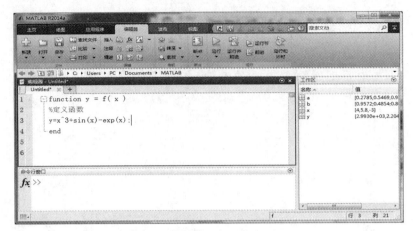

图 2.9

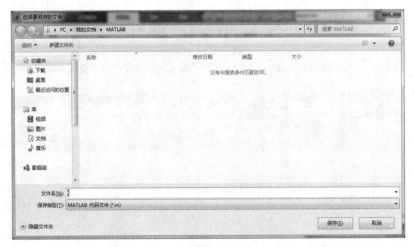

图 2.10

　　求函数值的方法是：在命令行窗口直接调用函数名，在圆括号中给自变量赋实参数可得相应函数值（见图 2.11）.

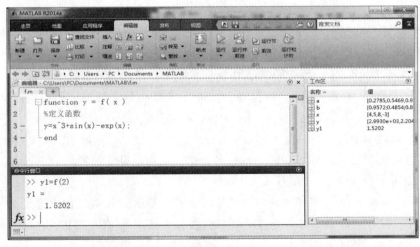

图 2.11

赋多个值时，按照数组输入法要加方括号，而且函数定义中按数组计算要求加点运算（见图 2.12）.

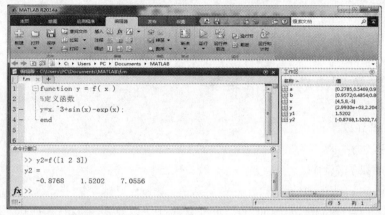

图 2.12

2.4　字符型函数表达式的运算

2.4.1　符号表达式的四则运算

定义字符型函数时，可先定义其中部分函数，再进行四则运算和复合运算形成结构复杂的函数.

两函数 $f(x)$ 与 $g(x)$ 的四则运算，即求其和、差、积、商的函数.

（1） $f + g$ ；

（2） $f - g$ ；

（3） $f * g$ ；

（4） f / g .

例 14　定义函数 $f = \sin(x) + 3x^2 - 6, g = \cos(x) - 2x^2 + 5$ ，做两函数的四则运算.

程序如下：

```
syms x
f = sin(x)+3*x.^2-6, g = cos(x)-2*x.^2+5
z1 = f + g
z2 = f - g
z3 = f * g
z4 = f / g
```

运行结果如下：

```
z1 =
    cos(x) + sin(x) + x^2 - 1
z2 =
    sin(x) - cos(x) + 5*x^2 - 11
```

z3 =

    (cos(x) - 2*x^2 + 5)*(sin(x) + 3*x^2 - 6)

z4 =

    1/(cos(x) - 2*x^2 + 5)*(sin(x) + 3*x^2 - 6)

2.4.2 符号型函数的复合运算

幂运算复合 $f(x)^{g(x)}$：

    程序语句 $f \wedge g$

嵌套复合函数 $f(g(x))$：

    程序语句 compose(f,g)

例 15 已知 $f = (x+1)^3$，$g = \sin(2x)$，求 $w = f(x)^{g(x)}$ 以及 $h = f(g(x))$ 的表达式.

程序如下：

```
syms x
f = (x+1)^3
g = sin (2*x)
w = f ^g
h = compose (f,g)
```

运行结果如下：

    f =

        (x+1)^3

    g =

        sin(2*x)

    w =

        ((x+1)^3)^sin(2*x)

    h =

        (sin(2*x)+1)^3

说明：字符型函数的幂运算，有些版本用加点的.^，有些版本用^，当运行有问题时，可转换不同的运算符形式.

2.5 关系运算与逻辑运算

2.5.1 关系运算

在关系运算中，非零值为真，零值为假. 输出时，若关系式成立为真则输出 1，若关系式不成立为假则输出 0. 做关系运算时可用关系操作符，也可用函数形式.

关系运算如表 2.1 所示.

表 2.1

关系操作符	对应函数	说　明
= =	Eq(A,B)	等于
~ =	ne(A,B)	不等于
<	lt(A,B)	小于
>	gt(A,B)	大于
< =	le(A,B)	小于等于
> =	ge(A,B)	大于等于

例 16　数组与数组的关系运算：

A = [3 4 5 6 7 8];

B = [2 4 6 7 5 8];

C = A == B

说明： 一个等号是赋值运算符，两个等号是关系运算符，关系运算优先于赋值运算.

运行结果如下：

C =

　　0　1　0　0　0　1

D = A~ = B

运行结果如下：

D =

　　1　0　1　1　1　0

E = A<B

运行结果如下：

E =

　　0　0　1　1　0　0

例 17　标量与数组的关系运算：

A = 4; B = [2 3 4 5 6];

C = A == B

运行结果如下：

C =

　　0　0　1　0　0

D = A>B

运行结果如下：

D =

　　1　1　0　0　0

E = A< = B

运行结果如下：

    E =

        0   0   1   1   1

由上例可知，进行运算的两个量，可以是大小相同的数组，运算后返回同样大小的数组；所比较的两个量，可以一个是数组，另一个是标量，运算后返回的运行结果与数组的大小相同. 两个不同大小的数组不能进行比较. 在做关系运算时，用关系运算符或者用对应的关系运算函数，其效果相同.

2.5.2　逻辑运算

逻辑运算如表 2.2 所示.

表 2.2

逻辑操作符	对应函数	说　明
&	and(A,B)	逻辑与
		or(A,B)	逻辑或
~	not(A)	逻辑非
	xor(A,B)	逻辑异或
	any(A)	A 中某列有非零元素时，此列返回 1
	all(A)	A 中某列所有元素非零时，此列返回 1

例 18　A = [1 2 0 4 5 0 6 8]

　　　　B = [3 2 5 4 6 0 5 8]

程序与结果如下：

    a1 = A == B
        a1 = 0   1   0   1   0   1   0   1
    a2 = A~ = B
        a2 = 1   0   1   0   1   0   1   0
    a3 = A<B
        a3 = 1   0   1   0   1   0   0   0
    a4 = A>B
        a4 = 0   0   0   0   0   0   1   0
    a5 = A< = B
        a5 = 1   1   1   1   1   1   0   1
    a6 = A> = B
        a6 = 0   1   0   1   0   1   1   1
    a7 = A&B

        a7 = 1   1   0   1   1   0   1   1
    a8 = A|B
        a8 = 1   1   1   1   1   0   1   1
    a9 = ~(A)
        a9 = 0   0   1   0   0   1   0   0
    a10 = xor(A,B)
        a10 = 0   0   1   0   0   0   0   0
    a11 = any(A)
        a11 = 1
    a12 = all(A)
        a12 = 0

例 19 用逻辑运算的方法构造分段函数：

$$y = \begin{cases} \sqrt{1-(x-1)^2}, & 0 \leqslant x \leqslant 2 \\ \sqrt{4-(x-4)^2}, & 2 < x \leqslant 6 \\ \sqrt{9-(x-9)^2}, & 6 < x \leqslant 12 \end{cases}$$

程序如下：

```
x = 0:0.01:12;
y = sqrt(1-(x-1).^2).*(x> = 0&x< = 2)+...        %...是续行符
sqrt(4-(x-4).^2).*(x>2&x< = 6)+...
sqrt(9-(x-9).^2).*(x>6&x< = 12);
%绘图程序；
plot(x,y)            %绘图
axis('equal')        %调整纵横坐标比为 1:1
axis([-1 14 -1 10])  %设置图形窗口范围
```

运行结果如图 2.13 所示.

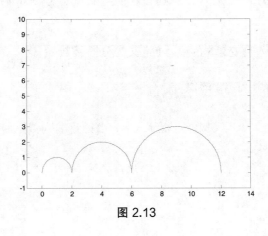

图 2.13

2.6 条件语句

2.6.1 单条件语句

（1）格式 1：

　　if　逻辑表达式

　　　　程序语句组

　　end

if 语句用于计算逻辑表达式的值，若值为真就运行下面的程序语句组，若值为假就跳到 end 后继续运行程序.

例 20　从键盘输入自变量 x 的值，由函数 $y1 = x \arcsin x$，$|x| \leqslant 1$ 和 $y2 = x^2 + \mathrm{e}^{2x}$，$x \in \mathbf{R}$，给出 $y1, y2$ 的值.

程序如下：

```
x = input('x = ')          %屏幕提示 x =，由键盘输入值赋给 x
if  abs(x)< = 1            %abs(x)是对 x 取绝对值
    y1 = x*asin(x)        %asin(x)是反三角正弦函数
end
    y2 = x^2+exp(2*x)     %exp(2*x)是指数函数
```

运行时输入 $x = 0.5$，若条件成立，则输出：$y1 = 0.2618$，$y2 = 2.9683$；

运行时输入 $x = 0.5$，若条件不成立，只输出：$y2 = 412.4288$.

（2）格式 2：

　　if　逻辑表达式

　　　　程序语句组 1

　　else

　　　　程序语句组

　　end

if 语句，首先用于计算逻辑表达式的值，若值为真，就运行其下面的程序语句组 1，然后跳到 end 后面的程序继续运行；否则，若值为假就运行 else 后面的程序语句组 2，然后再接着运行 end 后面的程序.

例 21　当从键盘输入自变量 x 的值，$y1$ 定义为分段函数 $y1 = \begin{cases} x^3, & x < 0, \\ 5x^2, & x \geqslant 0, \end{cases}$ $y2 = \arctan x + 3$，$x \in \mathbf{R}$，给出 x 的值，输出 $y1, y2$ 的值.

程序如下：

```
x = input('x = ');         %屏幕提示 x = ，由键盘输入值赋给 x
if x<0
    y1 = x^3
else
    y1 = 5*x^2
end
```

$$y2 = \text{atan}(x)+3$$

运行时输入 $x=-3$，则得到：$y1=-27$，$y2=1.7510$；

运行时输入 $x=3$，则得到：$y1=45$，$y2=4.2490$.

2.6.2 多条件语句

格式：

```
if  逻辑表达式 1
        程序语句组 1
elseif  逻辑表达式 2
        程序语句组 2
elseif  逻辑表达式 3
        程序语句组 3
    ……
else
        程序语句组 n

end
```

if 语句用于判断逻辑表达式 1 的值，若值为真，就运行其下面的程序语句组 1，然后跳到 end 后面的程序继续运行. 否则，若值为假就再判断 elseif 后面的逻辑表达式 2 的值，若值为真，就运行其下面的程序语句组 2，然后跳到 end 后面的程序继续运行. 否则继续运行下面的程序语句.

例 22 当从键盘输入自变量 x 的值，由分段函数 $y=\begin{cases} -1, & x<0 \\ 0, & x=0 \\ 1, & x>0 \end{cases}$ 得 y 的值.

程序如下：

```
x = input('x = ')          %屏幕提示 x =，由键盘输入值赋给 x
if  x<0
        y = -1
elseif  x == 0
        y = 0
else  y = 1
end
```

2.6.3 多分支语句

switch 语句用于实现多重选择，其格式为：

```
switch <表达式>
    case <数值 1>
      模块 1
    case <数值 2>
      模块 2
```

......
　　　otherwise
　　　　　模块 n
　　end

　　switch 语句的执行过程是：首先计算表达式的值，然后将其结果与每一个 case 后面的数值常量依次进行比较，如果相等，则执行该 case 后面模块中的语句，然后跳到 end 后面的程序继续运行. 如果表达式的值与所有 case 后面的值无一相同，则执行 otherwise 后面模块中的语句.

　　otherwise 模块也可以省略，当 case 后面的值都不与 switch 后面的表达式的值相同，就跳到 end 后继续运行程序.

　　例 23 将百分制的学生成绩转换为五级制成绩.

　　程序如下：

```
x = input('x = ');
switch fix(x/10)
    case {9,10}
        disp(['原成绩 = ' num2str(x) ',转换等级为：A 级.'])        %输出格式函数
    case 8
        disp(['原成绩 = ' num2str(x) ',转换等级为：B 级.'])
    case 7
        disp(['原成绩 = ' num2str(x) ',转换等级为：C 级.'])
    case 6
        disp(['原成绩 = ' num2str(x) ',转换等级为：D 级.'])
    otherwise
        disp(['原成绩 = ' num2str(x) ',转换等级为：不及格.'])
    end
```

在命令行窗口命令行键入：x = 89

得到输出：原成绩= 89, 转换等级为：B 级.

再一次运行该程序，键入：x = 54

得到输出：原成绩= 54, 转换等级为：不及格.

2.7　循环语句

2.7.1　for-end 循环

格式：

```
for 循环变量 = 初值:步长:终值
    循环体语句组
end
```

例 24 编程生成一个 6 阶矩阵，使其主对角线上的元素皆为 1，而与主对角线相邻的元

素皆为 2，其余元素皆为 0．

程序如下：

```
for i = 1:6
    for j = 1:6
        if i == j                %判断行标列标是否相等
            A(i,j) = 1;          %给矩阵 A 的第 i 行 j 列的元素赋值 1
        elseif abs(i-j) == 1     %判断 i-j 的绝对值是否为 1
            A(i,j) = 2;
        else
            A(i,j) = 0;
        end
    end
end
    A        % 显示 A
```

运行结果如下：

A =

1	2	0	0	0	0
2	1	2	0	0	0
0	2	1	2	0	0
0	0	2	1	2	0
0	0	0	2	1	2
0	0	0	0	2	1

说明：在循环体中的语句末尾常用分号结束，意在循环运算时不显示中间结果，整个矩阵定义完成后再显示 A．

例 25　求 $s = 1+\dfrac{1}{2}+\dfrac{2}{2^2}+\dfrac{3}{2^3}+\cdots+\dfrac{10}{2^{10}}$．

运行结果如图 2.14 所示．

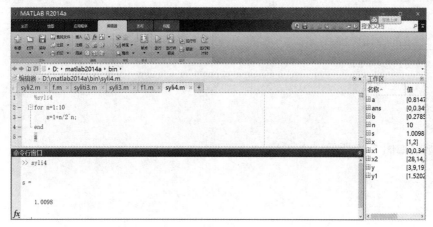

图 2.14

2.7.2　while-end 循环

格式：

  while 逻辑表达式

    循环体语句组

  end

逻辑表达式为假时结束循环，或在循环体语句组中设置条件判断语句跳出循环.

例 26　求自然数前 n 项和，项数 n 由键盘输入.

程序如下：

```
n = input('n = ')
sum = 0;k = 1;              %给和与循环变量赋初值
    while k< = n            %循环变量 k 与 n 的关系式为循环条件
    sum = sum+k;
    k = k+1;
    end
    sum
```

运行程序时输入 $n = 10$ 回车，运行结果如下：

```
n =
    10
sum =
    55
```

例 27　求 $s = 1+11+111+\cdots+111111111$.

程序如下：

```
n = input('n = ');
a = input('a = ');
s1 = 0;k = 1;a1 = 0;
    while k< = n
    a1 = a+a1*10;
    s1 = s1+a1;
    k = k+1;
    end
    s1
```

运行结果如图 2.15 所示.

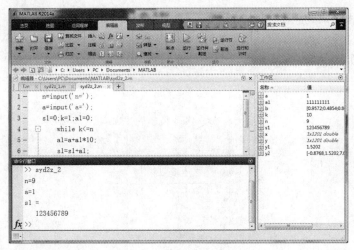

图 2.15

2.8 程序流程控制

2.8.1 continue 语句

其作用是结束本次循环, 即跳过循环体中下面尚未执行的语句, 接着进行下一次是否执行循环的判断.

例如:

```
while <条件 1>
    程序语句组 1
if <条件 2>
continue;
end
    程序语句组 2
end
```

其结构框图如图 2.16 所示.

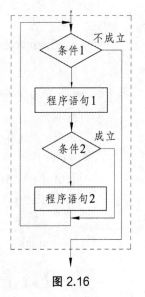

图 2.16

2.8.2 break 语句

其作用是终止本次循环, 跳出该层的循环之外.

例如:

```
while <条件 1>
    程序语句组 1
if <条件 2>
break;
end
```

程序语句组 2

　　end

其结构框图如图 2.17 所示.

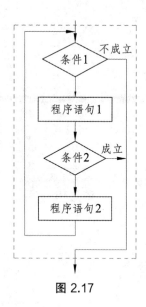

图 2.17

例 28　Fibonacci（费波那契）数列满足：

$$a_1 = 1, \ a_2 = 1, \ a_n = a_{n-2} + a_{n-1}, \ n = 3, 4, \cdots$$

求 Fibonacci 数列中第一个大于 10000 的元素，并记录其项数.

程序如下：

```
a(1) = 1;a(2) = 1;k = 3;
while 1
a(k) = a(k-2)+a(k-1);
    if a(k)>10000
    a(k),k
    break
    end
    k = k+1;
end
```

运行结果：

　　10946，k = 21.

例 29　记录所有 100 以内的素数.

程序如下：

```
x(1) = 2;
for i = 3:100
n = fix((i-1)/2)+1;
    for j = 2:n
```

```
        k = rem(i,j);
        if k = = 0
            break
            end
        end
    if k~ = 0
    x = [x,i];
        end
    end
    x
```
运行结果如下：

```
    x =
    Columns 1 through 13
    2   3   5   7   11   13   17   19   23   29   31   37   41
    Columns 14 through 25
    43   47   53   59   61   67   71   73   79   83   89   97
```

2.8.3　return 语句

return 语句是使当前正在运行的函数正常退出，并返回到调用它的函数，继续运行.

2.8.4　echo 语句

一般情况下，在 MATLAB 中运行 M 文件时，在命令窗口是看不到执行过程的；如果需要显示 M 文件的每条程序命令，就用 echo 命令来实现.

对于脚本式的程序命令集 M 文件与函数式的 M 文件，echo 命令格式略有不同.

对于脚本式 M 文件：

echo on　　　　%显示其后所有执行的程序指令

echo off　　　　%不显示其后所有执行的程序指令

echo　　　　　　%在上述两种情况下进行切换

对于函数式 M 文件：

echo filename on　　　　%显示文件名为 filename 中的程序指令

echo filename off　　　　%不显示文件名为 filename 中的程序指令

echo on all　　　%显示其后的所有 M 文件的程序指令

echo off all　　　%不显示其后的所有 M 文件的程序指令

2.8.5　pause(n)语句

在程序运行中需要暂停 n 秒，用 pause(n).

例 30　逐步绘制六连环图.

程序如下：

```
axis([0,15,-10,15])
axis('equal')
hold on
t = 0:0.05*pi:2*pi;
for i = -1:5
    plot(2*cos(t)+2*i,2*sin(t)+2*i)
    plot(1.5*cos(t)+2*i,1.5*sin(t)+2*i)
pause(2)    %停顿 2 秒
end
hold off
```

运行结果如图 2.18 所示.

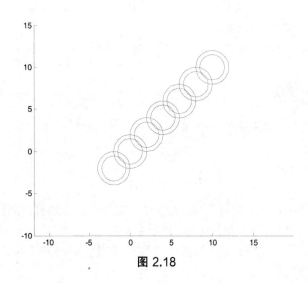

图 2.18

2.9　输出格式函数

一般定义变量名并赋值后，输出时可直接键入变量名回车就行，这时输出带有'变量名 = '；若只想输出变量内容可用 disp( ).

例 31　A1 = [1 2 3];disp(A1);

运行结果如下：

```
    1   2   3
```

例 32　建立三角函数值表.

```
A2 = pi:0.4:2*pi;
A3 = sin(A2);
x = [A2',A3'];
```

```
disp('x sin(x)')
disp(x)
```
运行结果如下：

x	sin(x)
3.1416	0.0000
3.6416	-0.4794
4.1416	-0.8415
4.6416	-0.9975
5.1416	-0.9093
5.6416	-0.5985
6.1416	-0.1411

例 33　输出数值及汉字字符.

```
A3 = [2 8 4 1 7]
disp(['最大值是' num2str(max(a)) ', 最小值是' num2str(min(a)) '.']);
```
运行结果如下：

```
A3 =
     2   8   4   1   7
最大值是 8, 最小值是 1.
```

例 34　按数据类型输出.

```
a1 = 3;
b1 = 10000;
disp(sprintf('购买%d 台电脑需要%d 元.',a1,b1))
```
运行结果如下：

购买 3 台电脑需要 10000 元.

2.10　本章常用函数

函数调用格式	功能作用
linspace (a,b,n)	在$[a,b]$上等距的 n 个分点构成的向量
rand(n,m)	产生 n 行 m 列随机数
input('提示')	键盘输入函数
eval(y)	计算字符型函数的函数值
compose(f,g)	嵌套复合函数：$f(g(x))$
if-else-end	条件判断语句
switch-case-otherwise-end	多分支选择语句
for-end	步长循环语句
while-end	条件循环语句
continue	流程控制语句
break	流程控制语句

return	流程控制语句
echo on	显示该语句后所有执行的程序指令
echo off	不显示该语句后所有执行的程序指令
pause(n)	停顿 n 秒
disp(A)	只输出 A 的内容

第3章 向量分析与曲线绘图实验

3.1 空间直角坐标系

3.1.1 空间点的直角坐标

三个坐标轴的正方向符合右手系，即以右手握住 z 轴，当右手的四个手指从正向 x 轴以 90°角转向正向 y 轴时，大拇指的指向就是 z 轴的正向.

例 1 建立空间直角坐标系.

用绘图命令 plot3 绘坐标原点$(0,0,0)$，标记三个坐标轴（见图 3.1），下面我们了解一下由软件绘出的坐标系的默认方向.

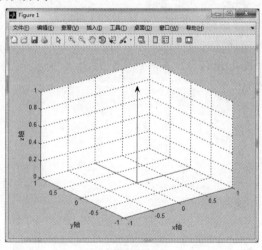

图 3.1

程序如下：

```
x = 0;y = 0;z = 0;
plot3(x,y,z)
xlabel('x 轴')
ylabel('y 轴')
zlabel('z 轴')
line([0,1],[0,0])
line([0,0],[0,1])
```

```
line([0,0],[0,0],[0,1])
set(gca,'xlim',[-1,1],'ylim',[-1,1],'zlim',[0,1])
grid on
annotation('arrow',[0.518,0.518],[0.71,0.8])        %加箭头
```
运行结果如图 3.1 所示.

3.1.2　空间两点间的距离

设 $M_1(x_1, y_1, z_1), M_2(x_2, y_2, z_2)$ 为空间两点，其两点间的距离公式为

$$|M_1M_2| = \sqrt{(x_2 - x_1)^2 + (y_2 - y_1)^2 + (z_2 - z_1)^2}$$

它可用函数表达式来计算. 另外，也可将其看作以 M_1 为起点，M_2 为终点的向量的模，调用向量求模的函数来计算两点间的距离.

例 2　键盘输入空间两点 $M_1(3, 4, -6), M_2(4, 5, 3)$ 的坐标，求其两点间的距离.

程序如下：

```
M1 = input('M1 = ');
M2 = input('M2 = ');
%用距离公式计算两点间的距离
d1 = sqrt((M2(1)–M1(1))^2+(M2(2)–M1(2))^2+(M2(3)–M1(3))^2)
% 用向量取模函数 norm(   )计算两点间的距离
d2 = norm(M2–M1)
```

运行：键盘输入

```
M1 = [3 4 –6];
M2 = [4 5 3];
```

运行结果如下：

```
d1 =
     9.1104.
d2 =
     9.1104.
```

3.2　向量分析

3.2.1　向量的概念

向量：即有大小又有方向的量 $\boldsymbol{a}$.

向量的大小用向量的模来表示：$|\boldsymbol{a}|$；向量的方向用向量的方向余弦来表示：$\cos\alpha, \cos\beta, \cos\gamma$.

3.2.2 n 维向量的创建

n 维向量的创建与数组创建相同.

1. 随机创建法

（1）调用函数：x = rand(n,m)

说明：n 为行数，m 为列数，随机数在 0~1 之间.

例 3 创建 3 维行向量 a，4 维列向量 b.

程序如下：

```
a = rand(1,3)
b = rand(4,1)
```

运行结果如下：

```
a =
     0.8147   0.9058   0.1270
b =
    0.9134
    0.6324
    0.0975
    0.2785
```

（2）创建随机整数向量的方法：

调用格式：x = fix(rand(1,n)*30)

说明：随机创建 n 维行向量，扩大 30 倍是为使小数点后移两位，再向零取整，得两位随机整数向量 x.

例 4 创建 5 维随机整数行向量 c.

程序如下：

```
c = fix(rand(1,5)*50)
```

运行结果如下：

```
c =
      16   28   28   4   29
```

2. 冒号创建法

输入格式：x = 初值:步长:终值　　　　　　%若省略步长，其默认值为 1

例 5 创建向量 d = (1 4 7 10).

程序如下：

```
d = 1:3:10
```

运行结果如下：

```
d =
      1   4   7   10
```

3. 等分插值创建法

调用函数：linspace(a,b,n)

说明：a,b 为初值与终值，n 为插点个数（默认为 100 个）.

例 6　创建由区间[0,6]上等分的 10 个插值点构成的向量 g.

程序如下：

```
format bank    %保留小数点后两位的数据格式
g = linspace(0,6,10)
```

运行结果如下：

```
g =
    0  0.67  1.33  2.00  2.67  3.33  4.00  4.67  5.33  6.00
```

4. 已知向量坐标的元素输入法

例 7　创建已知向量 $s = (-3\ 4\ -2\ 6\ 7\ 3)$.

程序如下：

```
s = [-3 4 -2 6 7 3]
```

运行结果如下：

```
s =
    -3   4   -2   6   7   3
```

3.2.3　向量元素的操作

例 8　用冒号法输入向量 $x = (-3\ \ -2\ \ -1\ \ 0\ \ 1\ \ 2\ \ 3)$，做各种元素操作.

程序如下：

```
x = -3:3
```

对向量的元素进行各种操作：

（1）y1 = abs(x)>1

%x 的元素满足绝对值大于 1 的逻辑值为 1，不满足绝对值大于 1 的逻辑值为 0，构成向量 $y1$

运行结果如下：

```
y1 =
    1  1  0  0  0  1  1
```

（2）y2 = x(abs(x)>1)

%取 x 的满足绝对值大于 1 的元素构成向量 $y2$

运行结果如下：

```
y2 =
    -3   -2   2   3
```

（3）y3 = x(find([1 1 1 1 0 0 0]))

%find(_)是索引函数，把 x 的对应于 1 的位置上的元素取出，对应于 0 的位置上的元素留下，构成向量 y3

运行结果如下：

```
y3 =
    -3   -2   -1   0
```

（4）y4 = x([1 1 3 2])

%取 x 的第 1 列元素 2 次，再取第 3 列与第 2 列元素构成向量 $y4$

运行结果如下：

    y4 =

        –3   –3   –1   –2

（5）x(abs(x)>1) = [ ]   %把 x 的绝对值大于 1 的元素删除

运行结果如下：

    x =

        –1   0   1

3.2.4   向量的运算

向量的运算	**命令格式**
（1）向量 a 加向量 b	a+b
（2）向量 a 减向量 b	a–b
（3）数 λ 乘以向量 a	λ*a
（4）向量 a 与 b 的数量积	dot(a,b)
（5）三维向量 a 与 b 的向量积	cross(a,b)
（6）三维向量 a, b, c 的混合积	dot(cross(a,b),c)
（7）向量 a 的模	norm(a)
（8）向量 a 与向量 b 的对应元素相乘	a.*b
（9）向量 a 与向量 b 的对应元素相除	a./b
（10）向量 a 的元素是向量 b 对应元素的方幂	b.^a
（11）向量 a 的每个元素的 k 次幂	a.^k

例 9   已知向量 $a = (34 \quad 53 \quad 86)$，$b = (67 \quad 46 \quad 96)$，求：

（1）$c1 = 3a+7b$；

（2）$c2 = a \cdot b$；（向量的数量积）

（3）$c3 = a \times b$；（向量的向量积）

（4）$c4$ 等于 a 中每个元素的平方；

（5）$c5$ 等于 a 的模.

程序如下：

    a = [34   53   86]
    b = [67   46   96]
    c1 = 3*a+7*b
    c2 = dot(a, b)
    c3 = cross(a, b)
    c4 = a.^2
    c5 = norm(a)

运行结果如下：

```
a =
    34    53    86
b =
    67    46    96
c1 =
    571    481    930
c2 =
    12972
c3 =
    1132    2498    -1987
c4 =
    1156    2809    7396
c5 =
    26647/250
```

3.3 图形绘制的基本知识

3.3.1 MATLAB 的绘图窗口

用 figure 命令产生可编辑的图形窗口（见图 3.2）.

图 3.2

例 10 在图形窗口打开工具栏可直接绘制图形文字.

其结果如图 3.3 所示.

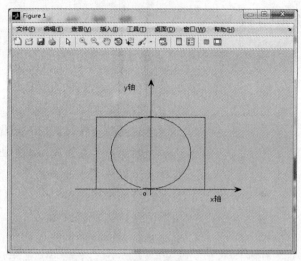

图 3.3

3.3.2　绘图的基本线型和颜色

绘图的基本线型和颜色如表 3.1 所示.

表 3.1

色彩符号	颜色	线型符号	线型	数据点符号	数据点图形
y	黄色	-	实线（默认）	.	点
m	紫色	:	点线	o	圆圈
c	青蓝	-.	虚点线	x	叉号
r	红色	--	虚线	+	十字
g	绿色			*	星号
b	蓝色			s	正方形
w	白色			d	菱形
k	黑色			v	向下三角形
				^	向上三角形
				<	向左三角形
				>	向右三角形
				p	五角形
				h	六角形

3.3.3 常用绘图函数

1. 绘图的基本命令及参数设置

line(x,y,z)	%绘制数据点之间的直线段
plot(x,y, 'r+-')	%用离散数据画函数曲线图
fplot(y,[a,b])	%对连续函数 y 在区间 $[a,b]$ 上做曲线图
ezplot(y,[a,b])	%对连续函数 y 在区间 $[a,b]$ 上做曲线图
polar(t,r)	%在极坐标系下绘曲线图
hold on	%保持当前窗口图形
hold off	%取消保持当前窗口图形
clf	%删除图形窗口的图形
subplot(m,n,p)	%窗口分块成 m 行 n 列，p 为位置编号
plot(x1,y1,x2,y2)	%同一窗口中绘制多条曲线
grid on(off)	%在图形窗口添加（去掉）网格
zoom on(off)	%允许（不允许）对图形缩放
ginput(n)	%用鼠标获取图形中 n 个点的坐标
fill	%填充二维坐标中的二维图形
patch	%填充二维或三维坐标中的二维图形
axis([xmin,xmax,ymin,ymax])	%确定坐标系的取值范围
axis('equal')	%各坐标轴刻度单位，长度相同
axis('on')	%返回（缺省的）坐标轴显现状态
axis off	%去坐标轴
axis tighl	%紧坐标轴
annotation('arrow',[x1,x2],[y1,y2])	%指定位置加箭头

2. 绘图的标注命令

xlabel('x 轴')	%x 轴加标志 "x 轴"
ylabel('y 轴')	%y 轴加标志 "y 轴"
zlabel('z 轴')	%z 轴加标志 "z 轴"
title('f 曲线图')	%加图名 "f 曲线图"
legend('f(x) ')	%为图形添加图例
text(x,y, '文本')	%在指定位置添加文本字符串
gtext('文本')	%用鼠标在图形上选定位置放置文本

3. Tex 字符

标注命令中的字符串时，有些字符用键盘不能直接输入，就需要用 Tex 字符，即在斜杠\后方输入 Tex 字符，并标注到图形中.

Tex 字符如表 3.2 所示.

表 3.2

函数字符	代表符号	函数字符	代表符号	函数字符	代表符号
\alpha	α	\upsilon	υ	\sim	$\sim$
\beta	β	\phi	ϕ	\leq	$\leq$
\gamma	γ	\chi	χ	\infty	∞
\delta	δ	\psi	ψ	\clubsuit	♣
\epsilon	ε	\omega	ω	\diamondsuit	♦
\zeta	ζ	\Gamma	Γ	\heartsuit	♥
\eta	η	\Delta	Δ	\spadesuit	♠
\theta	θ	\Theta	Θ	\leftrightarrow	$\leftrightarrow$
\vartheta	ϑ	\Lambda	Λ	\leftarrow	$\leftarrow$
\iota	ι	\Xi	Ξ	\uparrow	$\uparrow$
\kappa	κ	\Pi	Π	\rightarrow	$\rightarrow$
\lambda	λ	\Sigma	Σ	\downarrow	$\downarrow$
\mu	μ	\Upsilon	Υ	\circ	$\circ$
\nu	ν	\Phi	Φ	\pm	$\pm$
\xi	ξ	\Psi	Ψ	\geq	$\geq$
\pi	π	\Omega	Ω	\propto	$\propto$
\rho	ρ	\forall	$\forall$	\partial	∂
\sigma	σ	\exists	$\exists$	\bullet	$\bullet$
\varsigma	ς	\ni	$\ni$	\dit	$\div$
\tau	τ	\cong	$\cong$	\neq	$\neq$
\equiv	$\equiv$	\approx	$\approx$	\aleph	$\aleph$
\Im	$\tilde{\varsigma}$	\Re	$\mathcal{R}$	\wp	$\wp$
\otimes	$\otimes$	\oplus	$\oplus$	\oslash	$\oslash$
\cap	$\cap$	\cup	$\cup$	\supseteq	$\supseteq$
\supset	$\supset$	\subseteq	$\subseteq$	\subset	$\subset$
\int	$\int$	\in	$\in$	\o	O
\rfloor	$\rfloor$	\lceil	$\lceil$	\nabla	∇
\lfloor	$\lfloor$	\cdot	$\cdot$	\ldots	---
\perp	$\perp$	\neg	$\neg$	\prime	$\prime$
\wedge	$\wedge$	\times	$\times$	\0	$\varnothing$
\rceil	$\rceil$	\surd	$\surd$	\mid	$\mid$
\vee	$\vee$	\varpi	ϖ	\copyright	©
\langle	$\langle$	\rangle	$\rangle$		

例 11 绘正弦曲线图，并用 Tex 字符标注.

程序如下：

```
x = -pi:0.01*pi:pi;              %定义自变量数组
```

```
y = sin(x);            %定义函数值数组
plot(x,y);             %绘制曲线
set(gca,'xtick',-pi:pi/2:pi)                          %x轴划分为5个刻度
set(gca,'xticklabel',{'-pi','-pi/2','0','pi/2','pi'});   %标注
text(-pi/4,sin(-pi/4),'\leftarrow sin(-\pi/4)')       %标注
text(pi/6,sin(pi/6),'\leftarrow sin(\pi/6)')          %标注
title('曲线 y = sin(\theta)')                          %标注图形名
```

运行结果如图 3.4 所示.

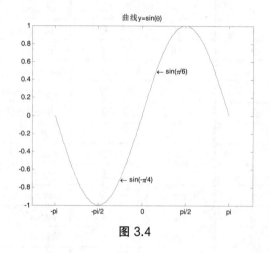

图 3.4

4. 设置图形属性

```
set(gca,'xlim',[0 80])            %设置当前坐标轴的 x 坐标范围为 0~80
set(p,'linewidth',5,'color', 'r', 'marker', 's')   %设置句柄值为 p 的曲线宽为 5, 颜色
                                                     为红色, 数据点为正方形
set((p,'visible', 'off')          %删除指定曲线
```

设置颜色除了设置参数, 还可用函数 colormap([a b c])设置, 其中三维数组[a b c]确定颜色, 不同的数值组合表示不同的颜色.

例如, 系统默认的几种颜色次序如表 3.3 所示.

表 3.3

颜色数组	颜色
[0　0　1]	蓝色
[0　0.5　0]	深绿色
[1　0　0]	红色
[0　0.75　0.75]	浅橄榄绿色
[0.75　0　0.75]	紫红色
[0.75　0.75　0]	土黄色
[0.25　0.25　0.25]	灰色

在用绘图命令 plot 绘制多于一条曲线时，若没有设置曲线颜色，系统会按默认的颜色顺序来绘制不同的曲线.

3.4 平面曲线的图形绘制

3.4.1 离散数据绘图法

离散数据绘图法为：

（1）首先定义自变量 x 的取值向量.

（2）再定义函数 y 的取值向量.

（3）用 plot(x,y)命令给出平面曲线图.

在绘图参数中可以给出绘制图形的线型和颜色的参数.

例 12 绘制曲线 $y = \cos(x)$，线形为实线，颜色用红色，数据点为□型.

程序如下：

```
x = linspace(-1,1,30) *2*pi;
y = cos(x);
p1 = plot (x,y)
set(p1,'linewidth',5,'color', 'r', 'marker', 's')
```

运行结果如图 3.5 所示.

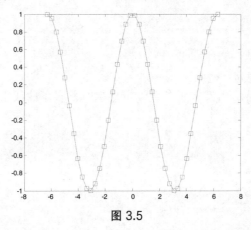

图 3.5

plot 绘图命令的几种格式：

（1）plot (y).

当只有一个参数时，plot 以 y 值为纵坐标，横坐标为从 1 开始的自然数，长度与 y 相同.

（2）plot (x,y).

其中 x 与 y 是同维向量.

例 13 画曲线 $y = \sin x$，$x \in (0, 2\pi)$.

程序如下：

```
x = linspace(0,2*pi,30);          %取 0 到 2π 的 30 个等分点
```

```
y = sin(x);
plot(x,y);
```
或：
```
x = 0:0.1:2*pi;              %以 0.1 为步长从 0 到 2π 取点
y = sin(x);
plot(x,y)
```
运行结果如图 3.6 所示.

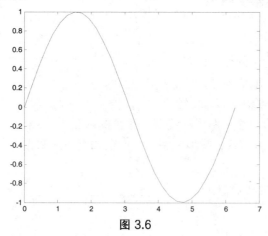

图 3.6

（3）plot(x1,y1,x2,y2,…).

用这种形式可以在同一窗口绘制多条曲线.

例 14 程序如下：
```
x1 = 0:0.1:2*pi;
x2 = 1:0.1:3*pi;
plot(x1,sin(x1),x2,cos(x2));
```
运行结果如图 3.7 所示. 当没有用参数设定颜色时，多条曲线以不同的颜色显示.

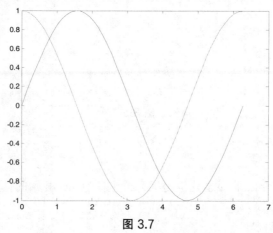

图 3.7

（4）plot(x,y,参数设置).

在绘图函数中也可以直接设置参数，包括线型、颜色、数据点标记符号，但不分先后次序，可任意组合.

例 15 程序如下：

```
x1 = linspace(0,2,50)*pi;                %定义自变量数组
plot(x1,sin(x1), ':*r',x1,cos(x1),'-dg');      %绘图并设置绘图参数
```

运行结果如图 3.8 所示.

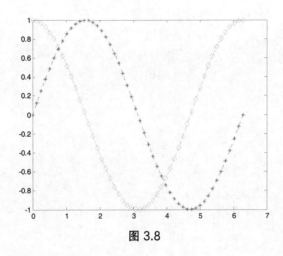

图 3.8

例 16 由参数方程绘圆心在原点、半径为 2 的圆.

程序如下：

```
t = linspace(0,2,50)*pi;                %定义 t 数组
x = 2*cos(t); y = 2*sin(t);             %定义 x, y 数组
plot(x,y, 'r');                          %绘图
text(-0.25,0, 'x^2+y^2 = 4');           %标注曲线方程
axis equal                               %设置坐标轴单位，长度相同
```

运行结果如图 3.9 所示.

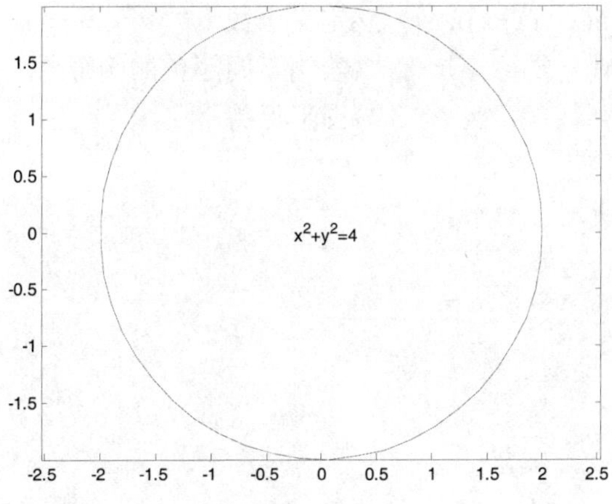

$x^2+y^2=4$

图 3.9

例 17 绘制初始速度为 30 m/s，高度 h 与时间 t、速度 v 之间的函数关系为：$h = vt - \dfrac{gt^2}{2}$ 的高度曲线图.

程序如下：

```
g = 9.8;                %重力加速度
v = 30;                 %初始速度
tv = 2*v/g;             %计算终点时间
t = linspace(0,tv,256); %定义时间数组
h = v*t-g/2*t.^2;       %计算高度
plot(t,h)               %绘图
grid on                 %打开网格线
```

运行结果如图 3.10 所示.

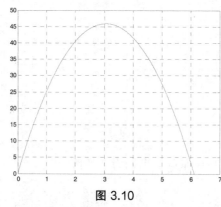

图 3.10

例 18 用循环绘多条不同曲线.

程序如下：

```
x = linspace(0,2*pi);       %定义数组 x 默认 100 个数据
k = 5:5:30;                 %定义数组 k
f = ['r','g','b','m','k','c']  %定义颜色数组 f
for i = 1:6
    y = k(i)*(sin(x)./(1+x));  %定义函数
    plot(x,y,f(i));           %绘制不同颜色的图形
    hold on                   %图形保持
end
```

运行结果如图 3.11 所示.

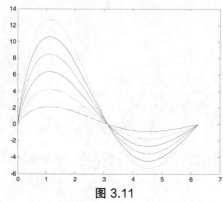

图 3.11

3.4.2 一元连续函数绘图法

首先定义 x 是符号变量，再定义 y 是 x 的符号表达式函数，用绘图命令 ezplot 或 fplot 绘图.

1. 字符型函数绘图 ezplot

ezplot 的几种格式：

（1）ezplot(f)表示在默认区间-2*pi<x<2*pi 上绘制函数 $f(x)$ 的图形.

（2）ezplot(f,[a,b])表示在给定区间 a<x<b 上绘制函数 $f(x)$ 的图形.

（3）ezplot(f (x,y))表示在默认区域-2*pi<x<2*pi，-2*pi<y<2*pi 上绘制隐函数 $f(x,y)=0$ 的函数图形.

其也可用方程形式：ezplot('f(x,y) = 0')

（4）ezplot(f (x,y), [a,b,c,d])表示在给定区域 a<x<b，c<y<d 上绘制隐函数 $f(x,y)=0$ 的函数图形.

（5）ezplot(x(t),y(t))表示在默认区间 0<t<2*pi 上绘制由参数方程 $x=x(t),y=y(t)$ 确定的一元函数图形.

（6）ezplot(x(t),y(t),[a,b])表示在给定区间 a<t<b 上绘制由参数方程 $x=x(t),y=y(t)$ 确定的一元函数图形.

例19 画出幂函数 $y=x^k,(k=1,2,3,4)$ 的图形.

程序如下：

```
figure
syms x
for i = 1:4
    y = x^i;
    ezplot(x,y,[-1,1])
    hold on
end
```

运行结果如图 3.12 所示.

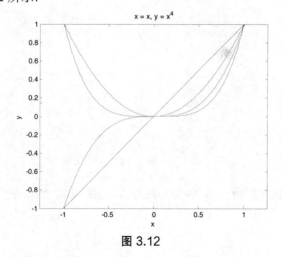

图 3.12

例20 绘制曲线 $y=x^2+1$ 的图形，设置线宽为 1、颜色为红色的属性.

程序如下：

```
    syms  x                        %定义字符型变量
    y = x^2+1                       %定义字符型函数
    p = ezplot(y)                   %绘制函数曲线
    set(p,'linewidth',1,'color', 'r')  %设置线宽和颜色
```

运行结果如图 3.13 所示.

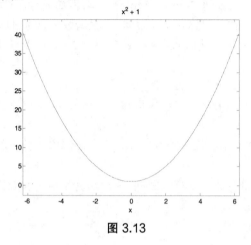

图 3.13

例 21　画闭曲线 $3x^2 + 4y^2 = 5$.

程序如下：

```
    syms   x y                     %定义字符型变量
    ezplot('3*x^2+4*y^2 = 5')      %绘制由隐函数方程确定的函数曲线
```

运行结果如图 3.14 所示.

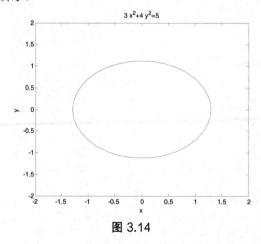

图 3.14

例 22　画出三叶曲线参数方程 $x = \sin 3t \cos t$, $y = \sin 3t \sin t$ 在 $[0, \pi]$ 上的图形.

程序如下：

```
    syms t
    ezplot(sin(3*t)*cos(t),sin(3*t)*sin(t),[0,pi])    %绘制由参数方程确定的曲线
```

运行结果如图 3.15 所示.

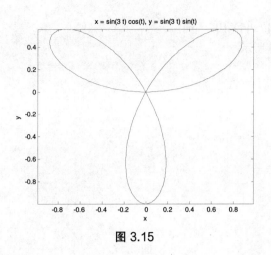

图 3.15

2. 字符型函数绘图 fplot

fplot 函数的调用格式：

（1）fplot ('fun')　　　　　%函数 fun 在默认区间 [$-2\pi, 2\pi$] 上绘图

（2）fplot('fun',[a,b])　　　　%函数 fun 在区间 [a, b] 上绘图

（3）fplot('fun',[a,b], 'r-*')　　%函数 fun 在区间 [a, b] 上按设定颜色线形数据符号绘图

其中 fplot 函数有三种定义方式再绘图．

① 用 M 文件定义函数．

例 23　程序如下：

```
function y = fun1(x)
y = x^2*cos(2*x))
end
```

再运行绘图程序：

```
fplot('fun1',[0,2*pi])
```

运行结果如图 3.16 所示．

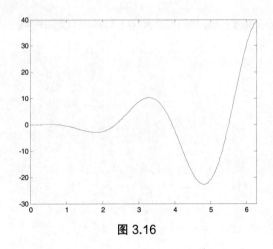

图 3.16

② 直接在绘图语句中定义字符型函数．

例 24 fplot('sin(x)/(x+1)',[0,2*pi])

运行结果如图 3.17 所示.

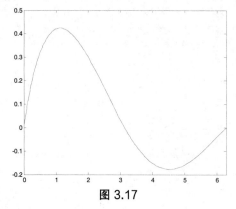

图 3.17

③ 指定变量的匿名函数定义再绘图.

例 25 fun2 = @(x)x^2*sin(x)

      fplot(fun2,[-2*pi,2*pi] ,'r-o')

运行结果如图 3.18 所示.

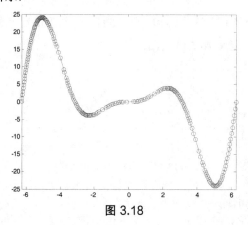

图 3.18

④ 绘制多条曲线.

例 26 fplot('[sin(x),cos(x),sin(2*x)]',2*pi*[-1 1])   %绘制曲线

运行结果如图 3.19 所示.

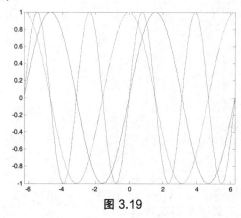

图 3.19

3.5 一元函数极坐标绘图

首先定义自变量数组 t，再定义极坐标系下的函数 $r = r(t)$；

然后用极坐标系下的绘图语句 polar(t,r)绘图，

其中 t 和 r 分别为角度数组和幅值数组.

例 27 程序如下：

```
t = 0:0.1:4*pi;        %定义参数数组
r = (cos(t./6)+0.5)    %向量的每个元素除以标量时要在除号前加点
polar(t,r)             %极坐标绘图
```

运行结果如图 3.20 所示.

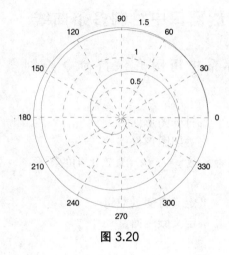

图 3.20

3.6 空间参数方程绘空间曲线图

首先定义参数数组 t；

然后定义空间曲线的参数方程：$\begin{cases} x = x(t), \\ y = y(t), \\ z = z(t). \end{cases}$

调用绘图函数 plot3(x,y,z).

例 28 绘制空间螺旋线. 参数方程为 $\begin{cases} x = \cos(t), \\ y = \sin(t), \\ z = t, \end{cases}$ 绘制 5 圈.

程序如下：

```
t = 0:pi/50:10*pi;
plot3(sin(t),cos(t),t)
```

运行结果如图 3.21 所示.

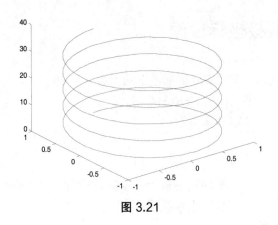

图 3.21

3.7 在同一个图形窗口中绘制多条曲线

3.7.1 在同一坐标系中用图形保持命令绘制多条曲线

命令:

```
hold on              %打开图形保持
hold off             %关闭图形保持
```

例 29 利用循环结构画幂函数 $y = x^k (k = 1, 2, 3, 4)$ 的图形.

程序如下:

```
x = -1:0.1:1;        %定义自变量数组
R = ['g','r','m','k'];   %定义颜色向量
for k = 1:4
y = x.^k;
plot(x,y,R(k))
hold on              %打开图形保持
end
hold off             %关闭图形保持
```

运行结果如图 3.22 所示.

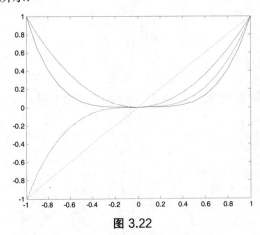

图 3.22

3.7.2 利用矩阵形式在一个坐标系中绘制多条曲线

例 30 将两条函数曲线 $y = \sin(x)$，$z = \cos(x)$ 用不同颜色画在同一图形窗口中.

程序如下：

```
x = linspace(0,2*pi,30);        %用等分插值法生成 30 个元素的数组
y = sin(x); z = cos(x);         %定义对应的函数值数组
w = [y;z];                      %定义函数值矩阵
plot(x,w);                      %绘制两条曲线
```

运行结果如图 3.23 所示.

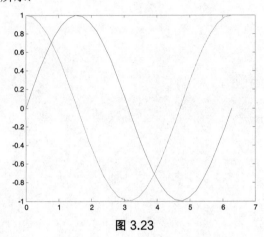

图 3.23

或

```
plot(x,y, 'm:o',x,z, 'r-+')
```

结果如图 3.24 所示.

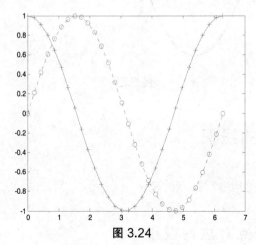

图 3.24

3.7.3 分块绘图

分块绘图函数：subplot(m,n,p)

其作用为将图形窗口分割为 m 行 n 列的子窗口，然后选定第 p 号子窗口为当前窗口.

例 31 将函数 $y_1 = \sin(x)$, $y_2 = \cos(x)$, $y_3 = x^2$, $y_4 = e^x$ 分块绘制在同屏的四块图形窗口中.
程序如下：

```
subplot(2,2,1)
fplot('sin(x) ',[-pi,pi], 'r')
title('sin(x) ')
subplot(2,2,2)
fplot('cos(x) ',[-pi,pi], 'm: ')
title('cos(x) ')
subplot(2,2,3)
fplot('x^2',[-2,2], '.-')
title('x^2')
subplot(2,2,4)
fplot('exp(x) ',[-3,3], 'k')
title('exp(x) ')
```

运行结果如图 3.25 所示.

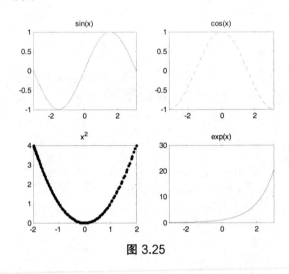

图 3.25

3.8 设计手绘曲线图

设计手绘曲线图主要是构造数据点的坐标.

3.8.1 设计数据点对应的数组

例 32 在图形窗口绘制汉字"中国".
先在图形窗口加网格，再设计数据点坐标数组：x 坐标数组和 y 坐标数组.
设计程序如下：

```
plot(0,0)
```

```
grid on
x1 = [2 2 5 5 2 3.5 3.5 3.5];
y1 = [6 4 4 6 6 6 7.5 2];
x2 = [6 6 9 9 6];
y2 = [7.3 2.2 2.2 7.3 7.3];
x3 = [6.5 8.5 7.5 7.5 6.5 8.5 7.5 7.5 6.5 8.5];
y3 = [6.5 6.5 6.5 5 5 5 5 3 3 3];
x4 = [7.8 8.4];
y4 = [4.7 3.1];
plot(x1,y1,x2,y2,x3,y3,x4,y4)
axis([0,10,0,10])
```

运行结果如图 3.26 所示.

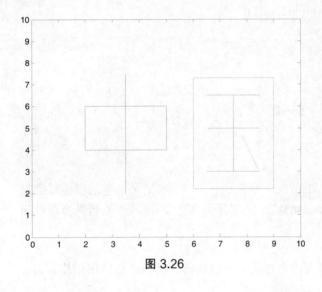

图 3.26

3.8.2 鼠标选点设计数据点

图形坐标的获取指令：用程序指令 ginput 来获取当前图形点的坐标数据.

调用格式：

[x,y] = ginput   %当需要结束选点过程时，必须按回车键

[x,y] = ginput(n)   %当鼠标选满 n 个点时，该指令的执行过程自动结束

[x,y,b] = ginput(n)

说明：（1）该指令只适用于二维图形.

（2）该指令既允许用鼠标选取坐标系统中的任意点，也允许用键盘上的箭头键选取. 但当计算机系统中有鼠标时，该指令只能通过鼠标去选取坐标系中的点.

（3）左边的输出[x,y,b]中，[x,y]为返回的数据点坐标，当按鼠标左键时，$b = 1$；当按鼠标中键时，$b = 2$；当按鼠标右键时，$b = 3$.

完成数据点的坐标生成后，用绘图命令绘图. **需要注意的是**，当绘制一对数组时，数据点之间不抬笔地用折线连接，若需抬笔需另设定数组再绘. 因此，常设计循环程序来完成多

笔的数组生成以进行绘图创作.

例 33 键盘输入欲创作图形的笔数 k，再用 k 笔绘出自行设计图.

```
figure
axis([0,10,0,10])
hold on
k = input('k = ');
for   i = 1:k
x = [];
y = [];
xi = [];
yi = [];
    while(1)
    [xx,yy,b] = ginput(1);
    plot(xx,yy,'r.')
    x = [x,xx];
    y = [y,yy];
        if b == 3
                break
            end
    end
    plot(x,y)
eval(['a',num2str(i),' = ', 'x',';']);          %记录 1 笔的横坐标数组
eval(['b',num2str(i),' = ', 'y',';']);          %记录 1 笔的纵坐标数组
end
hold off
```

程序运行时，键盘输入要绘 k 笔的数值，然后进行绘图创作.

```
>>k = 6
```

运行结果如图 3.27 所示.

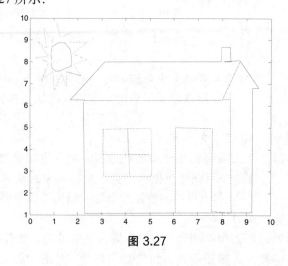

图 3.27

保留创作的绘图数据，程序中对每一笔鼠标选点数组进行了记录.

例 34　例 33 图用了 6 笔，将其重绘的程序如下：

　　plot(a1,b1,a2,b2,a3,b3,a4,b4,a5,b5,a6,b6)

3.9　本章常用函数

函数调用格式	功能作用
norm( )	取模函数
rand(n,m)	随机创建 n 行 m 列矩阵
fix(rand(1,n)*50)	创建随机整数向量
dot(a,b)	向量 a 与 b 的数量积
cross(a,b)	三维向量 a 与 b 的向量积
figure	打开新的图形窗口
plot(x,y, 'r+-')	用离散数据画函数曲线图
fplot(y,[a,b],)	对连续函数 y 在区间 $[a,b]$ 上做曲线图
ezplot(y,[a,b])	对连续函数 y 在区间 $[a,b]$ 上做曲线图
polar(t,r)	在极坐标系下绘曲线图
subplot(m,n,p)	分块绘图函数
title('图形名 ')	添加图形名
[x,y] = ginput(n)	用鼠标选 n 个点获取坐标向量
set(p,'linewidth',1,'color'，'r')	对线图 p 设置线宽和颜色
eval(['a',num2str(i),' = ', 'x',';'])	循环生成变量名语句体
set(p,'visible'，'off')	删除指定曲线图形

第4章 曲面绘图与统计图实验

4.1 多元函数绘图

4.1.1 空间曲线绘图

（1）离散数据绘图命令：

plot3(x(t),y(t),z(t),'参数')

其中，自变量 t 为数组，x, y, z 是以 t 为参数的函数数组：plot3(x,y,z).

（2）连续函数绘图命令：

ezplot3(x,y,z,[t1,t2])

例 1 用离散数据绘制空间螺旋线 $\begin{cases} x = \cos(t), \\ y = \sin(t), \\ z = t. \end{cases}$

程序如下：

```
t = (0:1/50:10)*pi;
plot3(sin(t),cos(t),t,'r')
xlabel('x 轴'),ylabel('y 轴'),zlabel('z 轴')
title('三维螺旋线')
```

运行结果如图 4.1 所示.

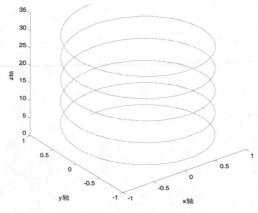

图 4.1 三维螺旋线

例 2 用连续函数绘制三维曲线 $\begin{cases} x = t, \\ y = \sin(t), \\ z = \sin(2t). \end{cases}$

程序如下：

```
syms t
x = t;y = sin(t);z = sin(2*t);
ezplot3(x,y,z,[0,10*pi]);
xlabel('x 轴'),ylabel('y 轴'),zlabel('z 轴')
title('三维曲线')
```

运行结果如图 4.2 所示.

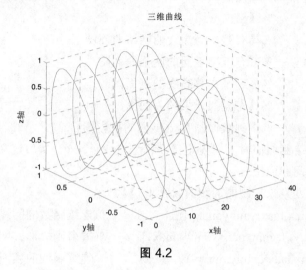

图 4.2

例 3   用连续函数绘制空间曲线 $\begin{cases} x = \sin(t), \\ y = \cos(t), & 0 \leqslant t \leqslant 2\pi. \\ z = \sin(2t), \end{cases}$

程序如下：

```
ezplot3, 'sin(t)', 'cos(t)', 'sin(2*t)',[0,2*pi])
```

运行结果如图 4.3 所示.

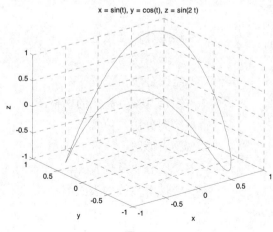

图 4.3

4.1.2 在直角坐标系下绘制空间曲面

（1）用离散数据绘制曲面时，首先由向量给出自变量(x,y). 然后由$[x,y] = meshgrid(x,y)$构成网格坐标矩阵，其中生成的 x 矩阵是每列为相同元素的矩阵，y 矩阵是每行为相同元素的矩阵，由此计算出曲面函数值矩阵：$z = f(x, y)$. 最后由绘图命令绘制空间曲面图.

由矩阵定义变量的离散数据时常用的空间绘图函数为：

surf(x,y,z)	%表面曲面图
mesh(x,y,z)	%网格曲面图
meshc(x,y,z)	%具有基本等高线的网格曲面图
meshz(x,y,z)	%带有基准平面的网格曲面图
surfc(x,y,z)	%具有基本等高线的表面图
surfl(x,y,z)	%具有光照效果的表面图
surface(x,y,z)	%得到表面图在 xOy 面的投影图

（2）用连续函数绘制曲面时，首先定义字符型自变量 x, y，然后定义字符型函数 $f(x,y)$，再用绘图命令绘制空间曲面图.

由连续函数定义变量来绘制曲面图时常用的函数为：

ezmesh(f,[minx,maxx,miny,maxy])	%连续函数的网线曲面图
ezmesh(@(x,y),f,[minx,maxx,miny,maxy])	%匿名函数形式网线曲面图
ezsurf(f,[minx,maxx,miny,maxy])	%连续函数的表面曲面图
ezsurf(@(x,y),f,[minx,maxx,miny,maxy])	%匿名函数形式表面曲面图

说明：程序语句中方括号里给出自变量的取值范围，默认值是 $0 \sim 2\pi$.

例 4 用离散数据绘制不同形式的旋转抛物面 $z = x^2 + y^2$.

程序如下：

```
x = -5:0.5:5;
y = x;
[x,y] = meshgrid(x,y);        %构成自变量网格点阵
z = x.^2+y.^2;                %定义二元函数
subplot(2,2,1)                %绘图分块及位置
mesh(x,y,z);                  %绘网格图
subplot(2,2,2)                %绘图分块及位置
meshc(x,y,z)                  %绘带基本等高线的网格图
subplot(2,2,3)                %绘图分块及位置
surf(x,y,z);                  %绘表面图
subplot(2,2,4)                %绘图分块及位置
surfc(x,y,z);                 %绘带等高线的表面图
```

运行结果如图 4.4 所示.

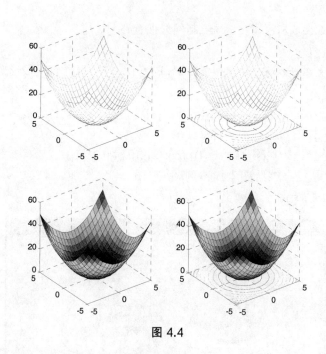

图 4.4

例 5 用连续函数绘图方式绘制双曲抛物面 $z = x \cdot y$.

程序如下：

```
ezsurf(@(x,y)x*y)
axis([-10 10 -10 10 -5 5])
```

运行结果如图 4.5 所示.

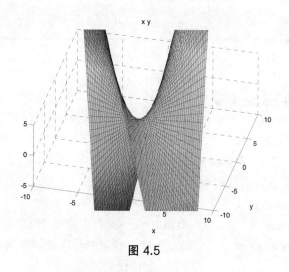

图 4.5

例 6 用不同形式定义连续型函数绘制曲面.

程序如下：

```
syms  x y s t
f = x^2+y^2;              %定义字符型连续函数
subplot(2,2,1)           %图形窗口分块
```

```
ezmesh(f,[-5,5,-5,5])          %绘制网线曲面图
subplot(2,2,2)
ezmesh(@(x,t)exp(-x).*cos(t),[-2,1,-4*pi,4*pi])         %匿名函数形式网线曲面图
subplot(2,2,3)
ezsurf(@(x,y)sin(x).*cos(y),[0,2*pi,0,2*pi])         %匿名函数形式网面曲面图
subplot(2,2,4)
ezsurf((sin(s)*cos(t)),(sin(s)*sin(t)),(cos(s)),[0,pi,0,2*pi])         %参数形式曲面图
axis('equal')          %绘图坐标比例调成 1:1:1.
```

运行结果如图 4.6 所示.

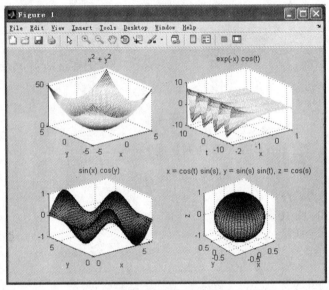

图 4.6

4.1.3 旋转曲面的绘制

旋转曲面采用平面上的"母线"绕旋转轴旋转生成, 其中"母线"用一元函数定义, 旋转圆周上的分格线条数用 n 定义, 默认值 $n = 20$.

旋转面绘制及读取旋转面数据调用格式:

（1）[x,y,z] = cylinder;   %返回半径为 1 的圆柱坐标
（2）[x,y,z] = cylinder(r);   %返回由 r 定义的母线旋转所成的旋转面坐标, 默认值 $n = 20$.
（3）[x,y,z] = cylinder(r,n);   %返回由 r 定义的母线旋转所成的旋转面坐标, 旋转圆周上的分格线条数为 n

例 7 用旋转曲线坐标画空间旋转抛物面 $z = x^2 + y^2$.

程序如下:

```
t = 1:0.5:10;          %定义自变量
r = sqrt(t);          %定义平面曲线
cylinder(r,20)          %绘旋转图命令
```

运行结果如图 4.7 所示.

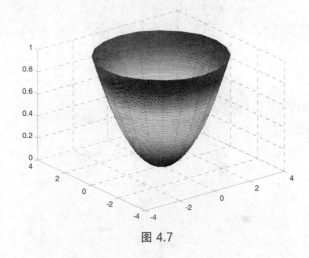

图 4.7

例 8 由曲线 $y = 30\mathrm{e}^{\frac{x}{400}} \sin\left(\dfrac{x+25\pi}{100}\right) + 130$ 绕 x 轴绘制旋转面.

程序如下:

```
x = linspace(0,600,30);
cylinder(30*exp(x/400).*sin((x+25*pi)/100)+130);
```

运行结果如图 4.8 所示.

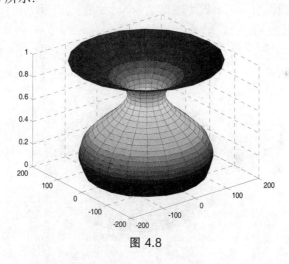

图 4.8

例 9 绘制 $r = |5t|\sin(t)$ 绕坐标轴的旋转图.

程序如下:

```
t = 0:pi/12:3*pi;
r = abs(5*t). *sin(t);
[x,y,z] = cylinder(r,30);
subplot(2,1,1)
surf(x,y,z)              %绘表面图
```

```
subplot(2,1,2)
mesh(x,y,z)                %绘网线图
```
运行结果如图 4.9 所示.

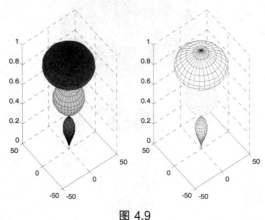

图 4.9

例 10　用绘制旋转面的方法绘制球面.

程序如下：

```
t = -1:0.1:1;              %自变量数组
r = sqrt(1-t.^2);          %平面曲线
cylinder(r,20);            %绘旋转图命令
title( '旋转曲面图');      %标注图形名
```

运行结果如图 4.10 所示.

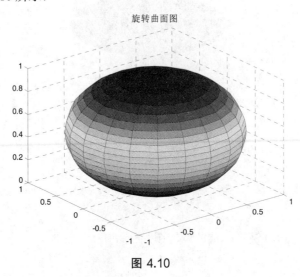

图 4.10

4.1.4　由三维参数方程绘制曲面

对于旋转面，如果母线的方程可以表示成旋转轴变量的函数，则可以直接使用命令 cylinder，否则必须把旋转面化成参数方程，然后使用离散的或连续的绘图命令绘图.

对于其他的二次曲面，如果可以写成显函数，则直接用绘图命令绘制，否则必须先化成参数方程再绘制.

例 11 绘制由隐函数给出的平面闭曲线 $x^2+(y-5)^2=16$ 绕 x 轴旋转所成的曲面图. 此曲面的参数方程为：

$$\begin{cases} x=4\cos(t) \\ y=(5+4\sin(t))\cos(w) \\ z=(5+4\sin(t))\sin(w) \end{cases}$$

程序如下：

```
w = 0:0.1:2*pi+1;t = w';
x = 4*cos(t)*(ones(size(w)));
y = (5+4*sin(t))*cos(w);
z = (5+4*sin(t))*sin(w);
surf(x,y,z)
axis equal
```

运行结果如图 4.11 所示.

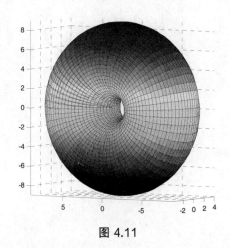

图 4.11

例 12 绘制单叶双曲面 $\dfrac{x^2+y^2}{9}-\dfrac{z^2}{4}=1$.

此曲面的参数方程为：

$$\begin{cases} x=3\sec(s)\cos(t) \\ y=3\sec(s)\sin(t) \\ z=2\tan(s) \end{cases}$$

程序如下：

```
x = @(s,t)3*sec(s)*cos(t);
y = @(s,t)3*sec(s)*sin(t);
z = @(s,t)2*tan(s);
ezsurf(x,y,z,[0,2*pi,0,2*pi])
```

运行结果如图 4.12 所示.

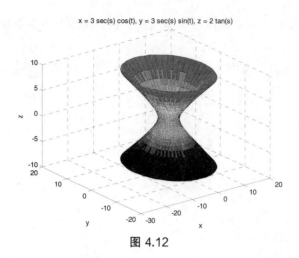

图 4.12

例 13 绘制双叶双曲面 $\dfrac{x^2}{9} - \dfrac{y^2 + z^2}{4} = 1$.

此曲面的参数方程为：

$$\begin{cases} x = 3\sec(s) \\ y = 2\tan(s)\cos(t) \\ z = 2\tan(s)\sin(t) \end{cases}$$

程序如下：

```
x = @(s,t)3*sec(s);
y = @(s,t)2*tan(s)*cos(t);
z = @(s,t)2*tan(s)*sin(t);
ezsurf(x,y,z)
axis([-10 10 -10 10 -5 5])
```

运行结果如图 4.13 所示.

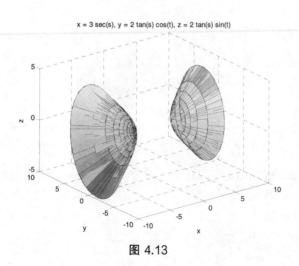

图 4.13

4.1.5　在球坐标系下绘制曲面

1. 用系统保存的球面函数绘图

调用绘制球面的函数：sphere(n)

其中 n 是确定球面经线密度的数据.

例 14　绘制球面.

程序如下：

```
sphere(30)
```

运行结果如图 4.14 所示.

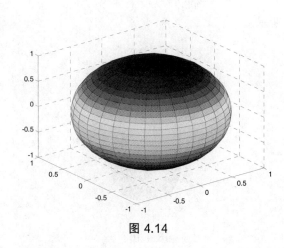

图 4.14

因为软件绘图系统坐标轴的默认长度比是 1:0.8:0.8，所以画出的球面是扁的，此时，需要加坐标轴属性设置语句来改变长度比成 1:1:1.

程序如下：

```
axis epual
```

运行结果如图 4.15 所示.

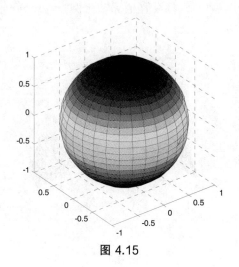

图 4.15

2. 利用球面图数据的球坐标绘制曲面

调用格式：[x,y,z] = sphere(n)

说明：首先产生 3 个$(n+1)×(n+1)$维数的矩阵 x, y, z，其表示单位球面上一系列数据点(x,y,z)的坐标. 其中，参数 n 确定球面绘制的精度，n 值越大，数据点越多；n 的默认值是 $n = 20$. 其次，将二元函数改为 $z = f(x,y)$.

例 15　绘已经有的坐标修改曲面图.

程序如下：

```
[x,y,z] = sphere(30);        %生成球面坐标
surf(x,y,(z+1).^2)           %绘已经有的坐标修改曲面图
axis('equal')                %调整纵横坐标比为 1:1:1
```

运行结果如图 4.16 所示.

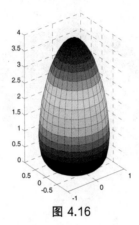

图 4.16

例 16　用球坐标绘制马鞍面 $z = xy$.

程序如下：

```
[x,y,z] = sphere(30);        %生成球面坐标
z = x.*y;                    %双曲抛物面
surf(x,y,z)                  %绘曲面图
axis('equal')                %设置坐标轴比例
```

运行结果如图 4.17 所示.

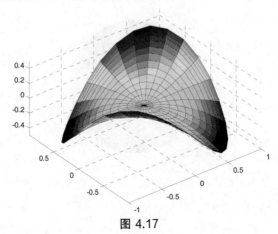

图 4.17

例 17　用球坐标绘制旋转抛物面 $z = x^2 + y^2$.

程序如下：

```
[x,y,z] = sphere(30);          %生成球面坐标
z = x.^2+ y.^2;                %旋转抛物面
surf(x,y,z)                    %绘曲面图
axis('equal')                  %设置坐标轴比例
```

运行结果如图 4.18 所示.

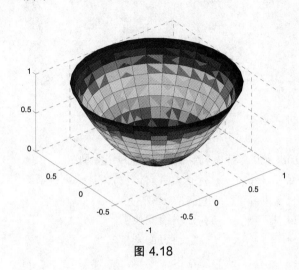

图 4.18

4.1.6　图形修饰

当用表面图绘制曲面时，可对图形进行修饰.

　　shading flat　　　　　%去掉各片连接处的线条，平滑当前图形颜色

　　shading interp　　　　%去掉连接线条，在各片之间使用颜色插值，可使片与片之间以
　　　　　　　　　　　　　及片内部的颜色过渡很平滑

　　shading faceted　　　%缺省值，带有连接线条的曲面

例 18　对例 17 的旋转抛物面进行两种修饰.

程序如下：

```
[x,y,z] = sphere(30);              %生成球面坐标
z = x.^2+ y.^2;                    %旋转抛物面
subplot(1,2,1)                     %分块绘图位置
surf(x,y,z)                        %绘曲面图
shading flat                       %图形修饰去网格线
subplot(1,2,2)                     %分块绘图位置
surf(x,y,z)                        %绘曲面图
shading interp                     %图形修饰颜色插值
```

运行结果如图 4.19 所示.

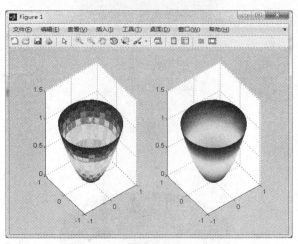

图 4.19

例 19 各类修饰的草帽图.

程序如下:

```
[x,y] = meshgrid(-8:0.5:8);    %定义自变量网格矩阵
r = sqrt(x.^2+y.^2)+eps;       %定义函数，后加项 eps 为容差
z = sin(r)./r;                 %曲面函数
subplot(2,2,1)                 %分块绘图位置
surf(x,y,z)                    %绘制表面图
subplot(2,2,2)                 %分块绘图位置
surf(x,y,z)                    % 绘制网面图
shading flat                   %图形修饰去网格线
subplot(2,2,3)                 %分块绘图位置
surf(x,y,z)                    % 绘制网面图
shading interp                 %图形修饰颜色插值
subplot(2,2,4)                 %分块绘图位置
surfc(x,y,z)                   %绘制带等高线的表面图
```

运行结果如图 4.20 所示.

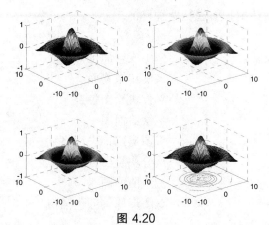

图 4.20

注意: 程序第二行后面加的容差项 eps, 为很小的数 2^{-52}, 若去掉该项, 图形顶端会出现缺口.

4.2 统计图形绘制

4.2.1 面积图

arfa(y)　　　　　　%向量 **y** 或矩阵的每一行的和

x = 1:size(y)　　　　%以(**x,y**)为边界数据点来绘制面积图

area(x,y,'facecolor',[面积颜色值],'edgecolor','边界颜色值')

%**x** 是单调排列的向量，以(x,y)为边界数据点绘制面积图

例 20　绘制 1 ~ 5 月的产量 **y**1 = (32,28,43,52,42)和利润 **y**2 = [21 18 30 34 29]的统计面积图.

程序如下：

```
y1 = [32 28 43 52 42];        %生产量数据

y2 = [21 18 30 34 29];        %利润值数据

x = 1:5;

area(x,y1,'facecolor',[0.75 0.6 0.9],'edgecolor','b');        %生产量面积图

hold on

area(x,y2,'facecolor',[0.5 0.9 0.7],'edgecolor','r');        %利润值面积图

hold off

gtext('生产量')        %用鼠标选位标注文本

gtext('利润值')        %用标选位标注文本
```

运行结果如图 4.21 所示.

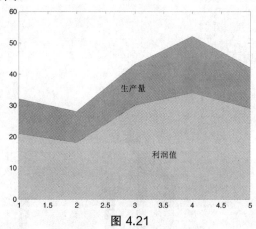

图 4.21

4.2.2 条形图

bar(x,y)　　　　　%竖直条形图，其中 **x** 是横坐标向量，**y** 是向量或矩阵

barh(x,y)　　　　 %水平条形图

bar3(x,y)　　　　 %三维竖直条形图

bar3h(x,y)　　　　%三维水平条形图

例 21　向量数据的竖直条形图.

程序如下：

```
x = 1:12;
y1 = [2    3.5    5    7    6    5    7.5    8    4.3    3    2.1    1.2];
bar(x,y1)
```

运行结果如图 4.22 所示.

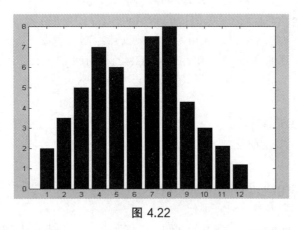

图 4.22

例 22　矩阵数据的竖直条形图，矩阵 $y2$ 的每 i 行是第 i 季度的消费统计数.

程序如下：

```
x = 1:4
y2 = [2      3.5    5
      7      6      8
      6.5    4.3    3
      2      3.5    6];
bar(x,y2)
title('四个季度的消费统计数')
```

运行结果如图 4.23 所示.

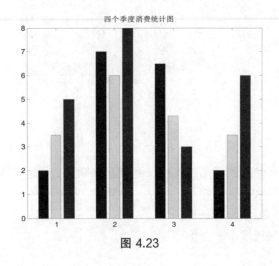

图 4.23

4.2.3 直方图

y 是数据向量, m 是设置数据极差的分段个数.

```
hist(y,m)              %直角坐标下的直方图
rose(y,m)              %在极坐标系下建立直方图
```

例 23 由函数 randn 产生具有正态分布的随机数来绘制直方图.

程序如下:

```
y = randn(10000,1);
subplot(1,2,1)
hist(y,20)            %直角坐标下的直方图
subplot(1,2,2)
rose(y,20)            %极坐标下的直方图
```

运行结果如图 4.24 所示.

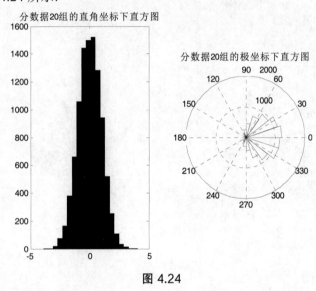

图 4.24

4.2.4 等高线图

```
contour(z)                      %直接绘制 z 矩阵的等高线
contour(x,y,z)                  %用 x 和 y 指定等高线的 x,y 坐标
contour(z,n)                    %用 n 指定绘制等高线的线条数
contourf(z,n)                   %绘制填充的二维等高线图
contour3(z,n)                   %绘制三维等高线
ezsurfc(@(x,y)(x.^2+y.^2),[-4,4,-4,4])        %连续型函数绘图加平面等高线
```

例 24 画二维等高线.

程序如下:

```
[x,y,z] = peaks(30);
subplot(2,2,1)
```

```
surf(x,y,z)
subplot(2,2,2)
contour(x,y,z,15)
subplot(2,2,3)
contour3(z,20)
subplot(2,2,4)
[c,h] = contour(z);
ezsurfc(@(x,y)(x.^2+y.^2),[-4,4,-4,4])
```
运行结果如图 4.25 所示.

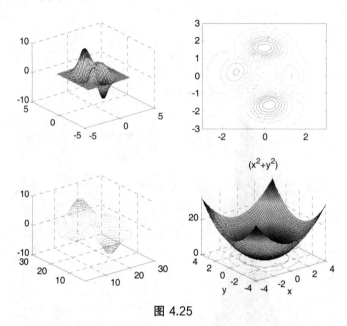

图 4.25

4.2.5　饼形图

```
pie(x)                  %二维饼形图
pie3(x)                 %三维饼形图
pie3(x,[0 0 1 0])       %抽出第三块
```

例 25　下面的命令用于建立某公司四个季度生产额的二维饼形图, 并把第二季度的饼形图块移出一些.

程序如下:

```
sc = [100   170   380   250]
subplot(1, 2, 1)
pie(sc,[0 1 0 0])
subplot(1, 2, 2)
pie3(sc,[0 1 0 0])
```
运行结果如图 4.26 所示.

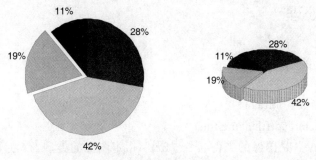

图 4.26

4.2.6 离散数据图

```
stem(x,y)          %绘制二维离散图
stem3(x,y)         %绘制三维离散图
stairs(x,y)        %绘制类似楼梯形状的步进图形
```

例 26 绘制离散数据图.

程序如下：

```
x = 0:0.1:2*pi;
subplot(1,3,1)
stem(x,sin(x))
x = 0:0.1:10;
subplot(1,3,2)
stem3(exp(x),x,exp(x),'filled')
x = 0:0.3:2*pi;
subplot(1,3,3)
stairs(x,sin(x))
```

运行结果如图 4.27 所示.

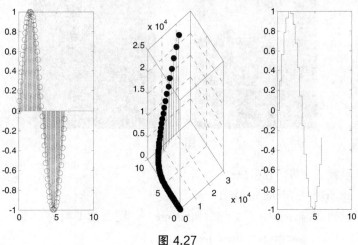

图 4.27

4.3 图像处理

4.3.1 图像的读写

（1）读取图像函数：imread

调用格式：A = imread(filename,fmt)

说明："filename"是图像的文件名，"fmt"指定图像的类型，A 为数组. 当图像是灰度图像时，A 是二维的；当图像是真彩色时，A 是三维数组.

例27 读取名字为 hua.jpg 图片成矩阵数据，并绘出图片.

程序如下：

```
A = imread('hua.jpg');
imshow(A)          %绘图
```

运行结果如图 4.28 所示.

将图片输出成灰白图像用 rgb2gray(A)，将图片输出成黑白二值图用 im2bw(A).

程序如下：

```
subplot(1,2,1)
A1 = rgb2gray(A);          %转化灰白图像数据
imshow(A1)                 %绘制灰白图像
A2 = im2bw(A,0.95);        %转化黑白二值图像数据
subplot(1,2,2)
imshow(A2)                 %绘制黑白二值图
```

运行结果如图 4.29 所示.

图 4.29

（2）写图像函数到文件：imwrite

调用格式：imwrite(A,filename,fmt)

说明：把图像的数据 A 输出到文件 "filename"，图像的类型为 "fmt".

例如：保存图片：imwrite(A1,'hua2.jpg')

4.3.2 图像显示

例 28 读进来的图像数据可用 imshow 或 image 在 MATLAB 环境下显示. 调用格式：

    image(A)
    axis image
    axis off

其中 axis image 是设置绘图坐标轴的纵横比保持不变.

4.4 视频读取与生成

4.4.1 视频读取

读取视频，显示帧，并保存每一帧. 调用格式：

    fileName = 'MVI_1264_clip.avi';
    obj = VideoReader(fileName);
    numFrames = obj.NumberOfFrames;   %帧的总数
    for k = 1 : numFrames   %读取数据
        frame = read(obj,k);
        imshow(frame);   %显示帧
        imwrite(frame,strcat(num2str(k),'.jpg'),'jpg');   %保存帧
    end

下面具体介绍 VideoReader 类的函数.

函数 VideoReader 用于读取视频文件对象. 调用格式：

    obj = VideoReader(filename)
    obj = VideoReader(filename,Name,Value)

其中 obj 为结构体，包括如下成员：

    Name ——视频文件名；

    Path ——视频文件路径；

    Duration ——视频的总时长（秒）；

    FrameRate ——视频帧速（帧/秒）；

    NumberOfFrames ——视频的总帧数；

    Height ——视频帧的高度；

    Width ——视频帧的宽度；

    BitsPerPixel ——视频帧每个像素的数据长度（比特）；

    VideoFormat ——视频的类型，如 'RGB24'；

    Tag ——视频对象的标识符，默认为空字符串"；

    Type ——视频对象的类名，默认为'VideoReader'；

    UserData ——Generic field for data of any class that you want to add to the object.

    Default: []

例如：视频的总帧数为 numFrames = obj.NumberOfFrames;

4.4.2　读取视频帧

读取视频帧调用格式：

```
video = read(obj)              %获取该视频对象的所有帧
video = read(obj,index)        %获取该视频对象的制订帧
```
例如：
```
video = read(obj, 1);          %first frame only 获取第一帧
video = read(obj, [1 10]);     %first 10 frames 获取前 10 帧
video = read(obj, inf);        %last frame only 获取最后一帧
video = read(obj, [50 inf]);   %frame 50 thru end 获取第 50 帧之后的帧
```

4.5　动态图形

4.5.1　二维动态轨线图

调用格式：comet(x,y,p)

说明：平面曲线 $y = y(x)$，其中 p 为尾长参数，缺省值为 0.1.

例 29　画二维动态图.

程序如下：

```
t = -pi:pi/200:pi;
comet(t,tan(sin(t))-sin(tan(t)))
```

运行结果如图 4.30 所示.

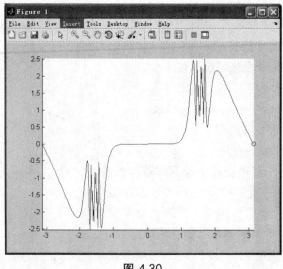

图 4.30

4.5.2　三维动态轨线绘图

调用格式：comet3(x,y,z,p)

说明：空间曲线 $x = x(t)$, $y = y(t)$, $z = z(t)$.

例30　画三维动态图.

程序如下：

```
t = 0:0.05:100;
x = t;y = sin(t);z = sin(2*t);
comet3(x,y,z)
```

运行结果如图 4.31 所示.

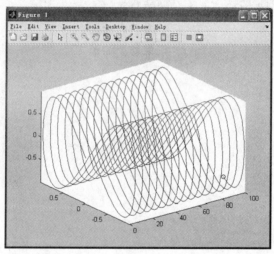

图 4.31

4.6　本章常用函数

函数调用格式	功能作用
plot3(x(t),y(t),z(t),'参数')	离散数据空间曲线绘图
ezplot3(x,y,z,[t1,t2])	连续函数绘图
ezplot3(x,y,z,'animate')	产生动画轨迹
mesh(x,y,z)	绘制网格曲面图
surf(x,y,z)	绘制表面曲面图
ezmesh(@(x,y),f,[x1,x2,y1,y2])	用连续函数绘网线曲面图
ezsurf(@(x,y),f,[x1,x2,y1,y2])	用连续函数绘表面曲面图
colormap([x1 x2 x3])	设置绘图颜色
cylinder(r,20)	绘旋转图
shading flat	图形修饰去线条，平滑颜色

shading interp	图形修饰去掉连接线条	
area(x,y, 'facecolor', [面积颜色值],'edgecolor','边界颜色值')		绘面积图
bar(x,y)	绘制竖直条形图	
hist(y,m)	绘制直方图	
contour(z)	绘制 z 矩阵的等高线	
pie(x)	二维饼形图	
imread(filename,fmt)	读取图像到矩阵	
imwrite(A,filename,fmt)	写图像到文件	
image(A)	显示图像	
imshow(A)	绘图	
obj = VideoReader(fileName)	读取视频	
numFrames = obj.NumberOfFrames	帧的总数	
comet(x,y,p)	二维动态绘图	
comet3(x,y,z,p)	三维动态绘图	

第5章 线性代数实验

5.1 矩阵的创建

5.1.1 通过元素列表创建

输入方式一：

A = [a$_{11}$ a$_{12}$ a$_{13}$; a$_{21}$ a$_{22}$ a$_{23}$; a$_{31}$ a$_{32}$ a$_{33}$]

输入方式二：

A = [a$_{11}$ a$_{12}$ a$_{13}$

      a$_{21}$ a$_{22}$ a$_{23}$

      a$_{31}$ a$_{32}$ a$_{33}$]

说明：矩阵元素之间用空格或逗号间隔，不同行元素用分号分割或用回车分割. 第二种输入法方便检查每行元素的个数是否相同.

例1 输入数值矩阵 A, B 和符号元素矩阵 C, D.

$$A = \begin{pmatrix} 1 & 2 & 3 \\ 4 & 5 & 6 \\ 7 & 8 & 9 \end{pmatrix}, \quad B = \begin{pmatrix} 1 & 2 & 3 & 4 & 5 \\ 6 & 7 & 8 & 9 & 0 \\ 5 & 4 & 3 & 2 & 1 \end{pmatrix}; \quad C = \begin{pmatrix} a & b & c \\ d & e & f \\ h & i & j \end{pmatrix}, \quad D = \begin{pmatrix} \cos x & \sin x \\ e^x & x^2+1 \end{pmatrix}$$

程序如下：

```
A = [1 2 3; 4 5 6; 7 8 9]          %元素在一行输入，换行用分号分割
B = [1   2   3   4   5
     6   7   8   9   0
     5   4   3   2   1]            %元素在多行输入，换行用回车分割
C = sym('[a b c;d e f;h i j]')      %定义字符型矩阵
syms x
D = [cos(x) sin(x);exp(x) x^2+1]    %定义字符型函数矩阵
```

运行结果如下：

```
A =
    1    2    3
    4    5    6
    7    8    9
B =
    1    2    3    4    5
    6    7    8    9    0
    5    4    3    2    1
```

C =

    [a, b, c]

    [d, e, f]

    [h, i, j]

D =

    [cos(x), sin(x)]

    [exp(x), x^2 + 1]

5.1.2 通过外部数据加载

例2 已有一个全由数据组成的文本文件 A.mat 加载时要在命令行窗口敲:

load A.mat

5.1.3 将资料中的数据在 M 文件中创建矩阵

例3 打开一个新的 M 文件, 整理资料数据为每行数据个数相同, 复制整理后的资料数据到 M 文件中, 数据前后加方括号并修改成矩阵输入格式, 存盘取名. 例如, 文件取名为: B.m, 然后在命令行窗口键入文件名 B 运行, 则显示出 M 文件中定义的矩阵 B1, 如图 5.1 所示. 注意变量 "B" 是此脚本文件的名称, 在文件中的矩阵名就不能用文件名 B 了, 如果用了相同的名会有出错提示: "这是非法的, 因为它将是调用此脚本的任何上下文中的脚本名称和变量名称". 也就是脚本文件中可定义多个矩阵, 所以其中的一个矩阵名不能与脚本文件名相同.

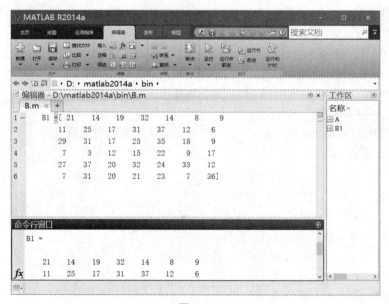

图 5.1

5.1.4 通过函数产生矩阵

    zeros(n,m)   %n 行 m 列零矩阵
    ones(n,m)   %n 行 m 列壹矩阵
    rand(n,m)   %n 行 m 列随机阵
    randn(n,m)   %n 行 m 列正态随机阵
    eye(n)   %n 阶单位阵
    magic(n)   %n 阶幻方阵
    vander(c)   %由数组 c 构成的范德蒙矩阵的右旋阵，

说明：用函数生成 n 阶方阵时只需一个参数，生成 m×n 矩阵时需用两个参数.

例 4 生成 3 行 4 列零矩阵.

程序如下：

    z = zeros(3,4)

运行结果如下：

    z =

        0   0   0   0
        0   0   0   0
        0   0   0   0

例 5 生成 4 阶全 1 方阵.

程序如下：

    on = ones(4)

运行结果如下：

    on =

        1   1   1   1
        1   1   1   1
        1   1   1   1
        1   1   1   1

例 6 生成 5 阶随机方阵.

程序如下：

    r1 = rand(5)

运行结果如下：

    r1 =

        0.921 8   0.916 9   0.813 2   0.603 8   0.445 1
        0.738 2   0.410 3   0.009 9   0.272 2   0.931 8
        0.176 3   0.893 6   0.138 9   0.198 8   0.466 0
        0.405 7   0.057 9   0.202 8   0.015 3   0.418 6
        0.935 5   0.352 9   0.198 7   0.746 8   0.846 2

注：随机数在 0~1 之间.

若构造两位以内随机整数矩阵，就乘一个两位数，让小数点后移再向零取整.

例7 构造随机 5 阶整数矩阵 *r*2.

程序如下：

```
r2 = fix(30*rand(5))
```

运行结果如下：

```
r2 =
    28    22    18    12     1
     6    13    23    28    10
    18     0    27    27    24
    14    24    22    12     0
    26    13     5    26     4
```

例8 生成 5 阶单位矩阵.

程序如下：

```
e1 = eye(5)
```

运行结果如下：

```
e1 =
     1     0     0     0     0
     0     1     0     0     0
     0     0     1     0     0
     0     0     0     1     0
     0     0     0     0     1
```

例9 生成 5 阶幻方阵，幻方阵的特征是每行元素之和、每列元素之和、对角线元素之和皆相同，此和称为幻方阵的幻和.

程序如下：

```
m1 = magic(5)          %生成 5 阶幻方阵
hsum = sum(m1(:,1))    % 幻和
```

运行结果如下：

```
m1 =
    17    24     1     8    15
    23     5     7    14    16
     4     6    13    20    22
    10    12    19    21     3
    11    18    25     2     9
hsum =
    65
```

例10 用数组 *c* = (2 3 4 5 6 7)做 6 阶范德蒙矩阵.

程序如下：

```
c = 2:7
F = vander(c)          %由数组 c 生成范德蒙矩阵的右旋阵
```

运行结果如下：

c =

| 2 | 3 | 4 | 5 | 6 | 7 |

F =

32	16	8	4	2	1
243	81	27	9	3	1
1024	256	64	16	4	1
3125	625	125	25	5	1
7776	1296	216	36	6	1
16807	2401	343	49	7	1

这不是我们线性代数中定义的范德蒙矩阵，还需逆时针旋转 90°.

运行命令

F1 = rot 90(F)　　　　　% 矩阵逆时针旋转 90°

得到：

F1 =

1	1	1	1	1	1
2	3	4	5	6	7
4	9	16	25	36	49
8	27	64	125	216	343
16	81	256	625	129 6	240 1
32	243	102 4	312 5	777 6	168 07

5.2　矩阵的编辑与元素的操作

5.2.1　通过矩阵编辑器编辑矩阵

编辑阶数较高的矩阵时，可打开矩阵编辑器. 在变量窗口中双击任何一个矩阵图标，都可打开矩阵编辑器，如图 5.2 所示.

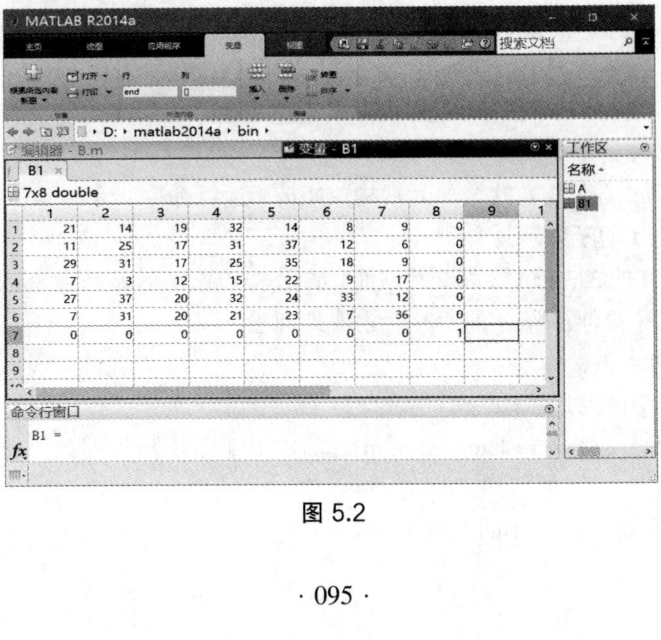

图 5.2

在矩阵编辑器中可继续编辑矩阵，能够非常方便地扩充或缩小矩阵．输入新的元素后，矩阵即时完成矩阵的扩充储存；如果只在新行（列）输入一个元素，矩阵会自动扩充到这一行（列），没有输入位置上的元素添入零元素．若要缩小矩阵，只需选定要删除的行（列），按鼠标右键，选择 delete 项即可完成删除．

5.2.2　矩阵的元素操作

（1）对已经生成的矩阵 A，求由 A 的元素构成的各种矩阵．

diag(A)	%由 A 的对角线上元素构成的列向量
diag(X)	%以向量 X 作对角元素创建对角矩阵
triu(A)	%由 A 的上三角元素构成的上三角矩阵
tril(A)	%由 A 的下三角元素构成的下三角矩阵
flipud(A)	%矩阵元素做上下翻转
fliplr(A)	%矩阵元素做左右翻转
rot90(A)	%矩阵元素逆时针旋转 90°
size(A)	%得到表示 A 的行数和列数的尺寸数据
eye(size(A))	%生成与 A 同阶单位阵
B = fix(15*rand(size(A)))	%生成与 A 同阶随机整数阵

（2）分块法生成大矩阵．

例如，由已知矩阵 A, B, C, D 生成分块大矩阵 G，$G = [A\ B; C\ D]$．要求同行上的两矩阵 A, B 的行数相同，C, D 的行数相同；同列上的两矩阵 A, C 的列数相同，B, D 的列数相同．

（3）改变矩阵 A 的某元素．

例如，已知矩阵 A，将 A 的第 2 行第 3 列的元素重新赋值为 0．运行命令：$A(2, 3) = 0$．

（4）用赋值法扩充矩阵 A．

例如，已知矩阵 A 是 3 行 4 列，欲将其扩充成 5 行 6 列，只需将 A 的第 5 行第 6 列的元素赋值为 1，即 $A(5, 6) = 1$，这时产生一个 5 行 6 列的矩阵，其余没赋值的元素自动赋值为 0．也可用矩阵编辑器实现．

（5）选择矩阵 A 的部分行．

例如，取矩阵 A 的 1, 3 行的全部元素构成矩阵．运行命令：$A1 = A([1,3],\ :\ )$．

（6）选择矩阵 A 的部分列．

例如，取矩阵 A 的 2, 3 列的全部元素构成矩阵．运行命令：$A2 = A(\ :\ ,[2,3]\ )$．

（7）选择矩阵 A 的子阵．

例如，取矩阵 A 的 2, 3 行 1, 3 列交叉位置上的元素构成子阵．运行命令：$A3 = A([2,3],[1,3])$．

（8）按列的次序拉伸矩阵 A 的所有元素成列向量．

运行命令：$A4 = A(\ :\ )$．

（9）重新安排矩阵的形状．

可用 reshape 命令：B = reshape(A, n, m)，其中 n 是新矩阵的列数，m 是新矩阵的行数，总元素个数不变．

（10）用赋空值删除矩阵 A 的某列．

例如，删除矩阵 A 的第 3 列. 运行命令：$A(:,3) = [\ ]$.

（11）用赋空值删除矩阵 A 的某行.

例如，删除矩阵 A 的第 1 行. 运行命令：$A(1,:) = [\ ]$.

（12）用一行向量替换矩阵 A 的某行.

例如，用行向量 b 替换矩阵 A 的第 3 行. 运行命令：$A(3,:) = b$.

（13）用一列向量替换矩阵 A 的某列.

例如，用行向量 b 的转置替换矩阵 A 的第 2 列. 运行命令：$A(:,2) = b'$.

（14）重复用已知矩阵 A 的某列生成新矩阵.

例如，用矩阵 A 的第 1 列生成有相同 3 列的矩阵. 运行命令：$A11 = A(:,[1\ 1\ 1])$.

（15）复制一已知行向量成矩阵.

例如，已知行向量 b，用其生成 3 行相同的矩阵. 运行命令：$A12 = B([1\ 1\ 1],:)$.

（16）用已知矩阵的行去复合新矩阵.

例如，用矩阵 A 的 2,3 行来取代矩阵 B 的 3,4 行. 运行命令：$B(3:4,:) = A(2:3,:)$.

（17）用已知矩阵 A 的部分列创建向量.

例如，用矩阵 A 的第 2,3 列创建向量. 运行命令：$A14(1:6) = A(:,2:3)$.

（18）取矩阵的某个元素.

例如，取矩阵 A 的第 2 行第 4 列的元素. 运行命令：$A(2，4)$；或按列排序取 $A(i)$. 矩阵元素是按列次序读取的.

（19）对已知矩阵取其满足某些条件的元素生成的矩阵.

例 11 已知矩阵 $A = \begin{pmatrix} -1 & 3 & -4 & 5 \\ -3 & 4 & -2 & 0 \\ 4 & -2 & 1 & 6 \end{pmatrix}$，做如下元素操作：

（1）将矩阵的每一个元素取绝对值构成矩阵 $Y1$；

（2）取矩阵元素的绝对值大于 2 的逻辑值构成矩阵 $Y2$；

（3）取矩阵元素的绝对值大于 2 的元素构成向量 $Y3$；

（4）取逻辑值为 1 且按序对应的元素构成向量 $Y4$；

（5）取矩阵的 2, 1, 3, 1 列元素构成子矩阵 $Y5$；

（6）将矩阵 A 改换成 4 行 3 列矩阵，构成矩阵 B；

（7）将矩阵 A 中绝对值大于等于 3 的元素重新赋值为 0.

程序如下：

```
A = [ -1 3 –4 5; -3 4 –2 0; 4 –2 1 6]
Y1 = abs(A)
Y2 = abs(A)>2
Y3 = A(abs(A)>2)
Y4 = A(find([1 0 1 1 0 1 0 1 ]))
Y5 = A(:,[2 1 3 1])
B = reshape(A,4,3)
A(abs(A)> = 3) = 0
```

运行结果如下：

A =

-1	3	-4	5
-3	4	-2	0
4	-2	1	6

Y1 =

1	3	4	5
3	4	2	0
4	2	1	6

Y2 =

0	1	1	1
1	1	0	0
1	0	0	1

Y3 =

| -3 |
| 4 |
| 3 |
| 4 |
| -4 |
| 5 |
| 6 |

Y4 =

| -1 | 4 | 3 | -2 | -2 |

Y5 =

3	-1	-4	-1
4	-3	-2	-3
-2	4	1	4

B =

-1	4	1
-3	-2	5
4	-4	0
3	-2	6

A =

-1	0	0	0
0	0	-2	0
0	-2	1	0

例 12（主元消元法） 建立 6 阶随机整数矩阵，然后用初等行变换将其变为上三角矩阵.
程序如下：

```
B = fix(rand(6)*40)
    for i = 1:6
        for j = i+1:6
```

```
                if abs(B(j,i))>abs(B(i,i))
                        B1 = B(i,:);
                        B(i,:) = B(j,:);
                        B(j,:) = B1;
                end
        end
        for k = i+1:6
                B(k,:) = B(k,:)-B(i,:)*B(k,i)/B(i,i);
        end
end
```

B

要将对角线下的元素 B_{ji} 消成 0，则需将 B 的第 j 行减去 B 的第 i 行的 B_{ji}/B_{ii} 倍，由于 B_{ii} 是除数，因此不能为零. 实际计算中，用绝对值很小的数作除数会造成很大的计算误差，这在数值计算中要尽量避免. 因此，每次消元前，要用行变换，将对角元换成其绝对值尽可能最大的，这就是选主元. 程序中的第一个条件语句 if, end 里包含的是选主元程序.

对随机产生的矩阵用主元法化上三角阵的运行结果如下：

B =

16	16	13	9	23	1
3	1	36	16	2	6
9	36	14	3	9	25
4	37	4	5	14	29
7	19	31	37	32	25
9	19	15	38	0	18

B =

16.0000	16.0000	13.0000	9.0000	23.0000	1.0000
0	33.0000	0.7500	2.7500	8.2500	28.7500
0	0	33.6080	14.4792	-1.8125	7.5549
0	0	0	28.8901	-15.0352	7.0484
0	0	0	0	31.3598	3.2887
0	0	0	0	0	2.7046

5.3 矩阵的数据统计操作

调用函数格式	说　明
（1）[a,i] = max(A)	%A 中每列的最大元素构成的行向量 a 及所在行位置向量 i
（2）[b,i] = min(A)	%A 中每列的最小元素构成的行向量 b 及所在行位置向量 i
（3）mean(A)	%A 中列元素的平均值构成的行向量

（4）median(A)　　　%A 中列元素的中位数构成的行向量

（5）std(A)　　　　%A 中列元素的标准差构成的行向量

（6）sum(A)　　　　%A 中列元素的和构成的行向量

（7）prod(A)　　　　%A 中列元素的积构成的行向量

（8）cumsum(A)　　　%A 中列元素的累计和构成的行向量

（9）cumprod(A)　　　%A 中列元素的累计积构成的行向量

（10）cumtrapz(A)　　%对 A 用梯形法求累积数值积分

（11）sort(A)　　　　%对 A 的每列元素按升序进行排序

（12）sortrows(A)　　%以第一列为标准按升序排列矩阵 A 的各行

例 13 随机生成 7 阶整数矩阵 A，做如下计算：

（1）求 A 中每列的最大元素；

（2）求 A 中每列的最小元素；

（3）求 A 中列元素的平均值；

（4）求 A 中列元素的中位数；

（5）求 A 中列元素的标准差；

（6）求 A 中各列元素的和；

（7）求 A 中各列元素的积；

（8）求 A 中列元素的累计和；

（9）求 A 中列元素的累计积；

（10）对 A 用梯形法求累积数值积分；

（11）按升序对 A 的每列元素进行排序；

（12）按第一列升序排列矩阵 A 的各行.

程序如下：

```
A = fix(rand(7)*50)
[A1,i] = max(A)
[A2,i] = min(A)
A3 = mean(A)
A4 = median(A)
A5 = std(A)
A6 = sum(A)
A7 = prod(A)
A8 = cumsum(A)
A9 = cumprod(A)
A10 = cumtrapz(A)
A11 = sort(A)
A12 = sortrows(A)
```

运行结果如下：

```
A =
      3     14     11     17      5     22      2
```

$$
\begin{array}{ccccccc}
5 & 14 & 7 & 1 & 19 & 5 & 27 \\
7 & 10 & 12 & 7 & 21 & 20 & 23 \\
12 & 27 & 2 & 10 & 19 & 5 & 14 \\
1 & 11 & 3 & 24 & 13 & 11 & 13 \\
27 & 3 & 28 & 0 & 16 & 18 & 13 \\
28 & 23 & 28 & 1 & 8 & 23 & 9
\end{array}
$$

A1 =
$$
\begin{array}{ccccccc}
28 & 27 & 28 & 24 & 21 & 23 & 27
\end{array}
$$

i =
$$
\begin{array}{ccccccc}
7 & 4 & 6 & 5 & 3 & 7 & 2
\end{array}
$$

A2 =
$$
\begin{array}{ccccccc}
1 & 3 & 2 & 0 & 5 & 5 & 2
\end{array}
$$

i =
$$
\begin{array}{ccccccc}
5 & 6 & 4 & 6 & 1 & 2 & 1
\end{array}
$$

A3 =
$$
\begin{array}{ccccccc}
11.8571 & 14.5714 & 13.0000 & 8.5714 & 14.4286 & 14.8571 & 14.4286
\end{array}
$$

A4 =
$$
\begin{array}{ccccccc}
7 & 14 & 11 & 7 & 16 & 18 & 13
\end{array}
$$

A5 =
$$
\begin{array}{ccccccc}
11.2313 & 8.1006 & 10.8934 & 9.1443 & 6.0514 & 7.7766 & 8.3638
\end{array}
$$

A6 =
$$
\begin{array}{ccccccc}
83 & 102 & 91 & 60 & 101 & 104 & 101
\end{array}
$$

A7 =
$$
\begin{array}{ccccccc}
952560 & 40166280 & 4346496 & 0 & 63073920 & 50094000 & 26447148
\end{array}
$$

A8 =
$$
\begin{array}{ccccccc}
3 & 14 & 11 & 17 & 5 & 22 & 2 \\
8 & 28 & 18 & 18 & 24 & 27 & 29 \\
15 & 38 & 30 & 25 & 45 & 47 & 52 \\
27 & 65 & 32 & 35 & 64 & 52 & 66 \\
28 & 76 & 35 & 59 & 77 & 63 & 79 \\
55 & 79 & 63 & 59 & 93 & 81 & 92 \\
83 & 102 & 91 & 60 & 101 & 104 & 101
\end{array}
$$

A9 =
$$
\begin{array}{ccccccc}
3 & 14 & 11 & 17 & 5 & 22 & 2 \\
15 & 196 & 77 & 17 & 95 & 110 & 54 \\
105 & 1960 & 924 & 119 & 1995 & 2200 & 1242 \\
1260 & 52920 & 1848 & 1190 & 37905 & 11000 & 17388 \\
1260 & 582120 & 5544 & 28560 & 492765 & 121000 & 226044 \\
34020 & 1746360 & 155232 & 0 & 7884240 & 2178000 & 2938572 \\
952560 & 40166280 & 4346496 & 0 & 63073920 & 50094000 & 26447148
\end{array}
$$

A10 =

0	0	0	0	0	0	0
4.0000	14.0000	9.0000	9.0000	12.0000	13.5000	14.5000
10.0000	26.0000	18.5000	13.0000	32.0000	26.0000	39.5000
19.5000	44.5000	25.5000	21.5000	52.0000	38.5000	58.0000
26.0000	63.5000	28.0000	38.5000	68.0000	46.5000	71.5000
40.0000	70.5000	43.5000	50.5000	82.5000	61.0000	84.5000
67.5000	83.5000	71.5000	51.0000	94.5000	81.5000	95.5000

A11 =

1	3	2	0	5	5	2
3	10	3	1	8	5	9
5	11	7	1	13	11	13
7	14	11	7	16	18	13
12	14	12	10	19	20	14
27	23	28	17	19	22	23
28	27	28	24	21	23	27

A12 =

1	11	3	24	13	11	13
3	14	11	17	5	22	2
5	14	7	1	19	5	27
7	10	12	7	21	20	23
12	27	2	10	19	5	14
27	3	28	0	16	18	13
28	23	28	1	8	23	9

5.4 矩阵的运算

（1）A'   矩阵 A 的转置

（2）det(A)   方阵 A 的行列式

（3）rank(A)   矩阵 A 的秩

（4）inv(A)   可逆矩阵 A 的逆

（5）[D,X] = eig(A) 方阵 A 的特征向量构成的矩阵与特征值构成的对角阵

（6）norm(A)   矩阵 A 的范数

（7）orth(A)   可逆阵 A 的正交化

（8）poly(A)   方阵 A 的特征多项式

（9）rref(A)   将矩阵 A 化为阶梯形的最简式

（10）size(A)   测矩阵 A 是几行几列的矩阵

（11）A+k   矩阵 A 与标量 k 的和，即矩阵的每个元素加标量 k

（12）A*k   矩阵 A 与标量 k 的积，即矩阵的每个元素乘以标量 k

（13）A/k   矩阵 A 除以标量 k，即矩阵的每个元素除以标量 k

（14）A+B   矩阵与矩阵的加法

（15）A*B   矩阵与矩阵的乘法

（16）A\B   等价于 inv(A)* B

（17）A/B   等价于 A* inv(B)

（18）k./A   标量除以矩阵 *A* 的每一个元素

（19）A.^k   矩阵 *A* 的每一个元素取 *k* 次方

（20）A.*B   矩阵 *A* 与矩阵 *B* 的对应元素相乘

（21）A./B   矩阵 *A* 与矩阵 *B* 的对应元素作除法

（22）A.^B   *B* 的每一个元素作为 *A* 的对应元素的幂次

例 14   方阵行列式的计算：

$$\begin{vmatrix} 23 & 11 & 33 & 56 \\ 76 & 34 & 21 & 34 \\ 12 & 32 & 45 & 53 \\ 26 & 35 & 86 & 19 \end{vmatrix}$$

程序如下：

    A = [23   11   33   56
          76   34   21   34
          12   32   45   53
          26   35   86   19];

    D = det(A)

运行结果如下：

    D =

       -5 578 353

5.5   向量组的相关性

5.5.1   向量组相关性的判定

设向量组 *A* 有 *m* 个 *n* 维向量，其所有向量的元素构成 *n×m* 矩阵 *A*. 当 *A* 的秩等于向量个数 *m* 时，向量组 *A* 线性无关；当 *A* 的秩小于向量个数 *m* 时，向量组 *A* 线性相关.

5.5.2   向量组的特征分析示例

例 15   已知向量组 A：$a_1 = (1-2-5)$，$a_2 = (-2\ 4\ 10)$，$a_3 = (3-4-17)$，$a_4 = (0\ 1-1)$，$a_5 = (-1\ 3\ 4)$，求：

（1）向量组 *A* 的秩；

（2）判断向量组 *A* 的相关性；

（3）写出向量组 *A* 的一个极大无关组；

（4）将向量组 *A* 中的其余向量用极大无关组线性表示.

解法 将向量组按列写成矩阵，用命令 rref(A)求出行的最简形式回答所有问题.
程序如下：

```
A = [1 -2 3 0 -1; -2 4 -4 1 3; -5 10 -17 -1 4];
s1 = size(A);
Av = rank(A);
disp(['向量组 A 的秩='num2str(Av) ])
if s1(2) == Av
disp(['向量组 A 线性无关'])
else disp(['向量组 A 线性相关'])
end
A1 = rref(A)
```

运行结果如下：

向量组 A 的秩 = 2

向量组 A 线性相关

```
A1 =
     1.0000    -2.0000         0    -1.5000    -2.5000
          0         0    1.0000     0.5000     0.5000
          0         0         0          0          0
```

根据程序运行结果，题目解答如下：

答：（1）向量组 A 的秩为 2；

（2）因为秩数 2 小于个数 5，故 A 为线性相关向量组；

（3）行的最简形式中单位向量对应的 a_1, a_3 为一个极大无关组；

（4）由 A_1 得 $a_2 = -2a_1 + 0a_3$, $a_4 = -1.5a_1 + 0.5a_3$, $a_5 = -2.5a_1 + 0.5a_3$.

5.6 求解线性方程组

5.6.1 方程组系数矩阵是方阵时的算法

已知线性方程组 $Ax = b$，A 是方阵. $\det(A)$ 为 A 的行列式.

若 $\det(A) \neq 0$，则方程组有唯一解 $x = A\backslash b$.

若 $\det(A) = 0$，用系数矩阵 A 与常数列 b 构成增广矩阵 B，再由系数矩阵 A 的秩与增广矩阵 B 的秩的相等情况，来判断方程组是否有解：当两者的秩相等时，方程组有解，此时，将增广矩阵 B 化为最简阶梯形，写出方程组的通解；当两者的秩不相等时，方程组无解.

例 16 求下列方程组的解.

$$\begin{cases} 2x_1 + x_2 - 4x_3 + 8x_4 = 1 \\ 3x_1 + 6x_2 + 5x_3 - 8x_4 = 11 \\ x_1 - 5x_2 - 4x_3 + 4x_4 = -3 \\ 7x_1 + 3x_2 - 6x_3 - 2x_4 = -5 \end{cases}$$

程序如下：

```
A = [2 1 -4 8 ; 3 6 5 -8 ; 1 -5 -4 4 ; 7 3 -6 -2];
b = [1;11;-3;-5];
B = [A b];
c = size(A);
if rank(A) = = rank(B)
    disp(['方程组有解'])
    if c(1) = = c(2)
    D = det(A);
        if abs(D)>0.001
            x = A\b;
            disp(['方程组的解为:' num2str(x')])
            break
        end
    end
R = rref(B)
else disp(['方程组无解'])
end
```

运行结果如下:

方程组的解为: 2.4651   -0.48837   3.093   1.1163

5.6.2 一般方程组的求解

当方程组的系数矩阵不是方阵时, 就不能对系数矩阵取行列式了, 此时, 需另找其他方法来求解. 一般地, 无论系数矩阵是不是方阵, 求解方程组 $Ax = b$ 的全部解或确定其无解都可用如下的方法:

(1) 生成方程组的系数矩阵 A 及常数列 b, 构造增广矩阵 $B = [A,b]$;

(2) 计算 A 的秩和 B 的秩. 判断增广矩阵 B 与系数矩阵 A 的秩是否相等, 若两者的秩不相等, 输出方程组无解; 否则, 输出方程组有解, 再计算其解;

(3) 对于方程组有解的情况, 由增广矩阵 B 行的最简形式, 写出方程组的全部解.

例 17 求下列方程组的解.

$$\begin{cases} x_1 & -x_2 & -4x_3 & +8x_4 = 12 \\ 7x_1 + 2x_2 & -5x_3 & -8x_4 = 1 \\ 8x_1 -4x_2 +14x_3 & -9x_4 = 3 \\ 6x_1 +3x_2 & -x_3 -16x_4 = -11 \end{cases}$$

用与例 16 相同的程序, 输入不同的系数矩阵 A 和常数列 b:

```
A = [1 -1 -4 8; 7 2 -5 -8; 8 -4 14 -9; 6 3 -1 -16];
b = [12; 1; 3; -11];
B = [A b];
c = size(A);
```

```
if    rank(A) = = rank(B)
         disp(['方程组有解'])
if c(1) = = c(2)
D = det(A);
     if abs(D)>0.001
         x = A\b;
         disp(['方程组的解为:' num2str(x')])
         break
     end
end
         R = rref(B)
else disp(['方程组无解'])
end
```

运行结果如下:

方程组有解:

R =

1.0000	0	0	-0.9099	0.5124
0	1.0000	0	-3.9286	-5.2143
0	0	1.0000	-1.2453	-1.5683
0	0	0	0	0

由此矩阵可知:由行的最简阶梯形知,对应齐次方程组的基础解系中含一个解向量,有一个自由未知量,取为 x_4,赋非零值 1 得基础解系,赋零值得非齐次方程组的特解. 于是有通解:

$$X = k \begin{pmatrix} 0.9009 \\ 3.9286 \\ 1.2453 \\ 1 \end{pmatrix} + \begin{pmatrix} 0.5124 \\ -5.2143 \\ -1.5683 \\ 0 \end{pmatrix}, \quad k \in \mathbf{R}$$

5.7 矩阵的特征值与特征向量

5.7.1 方阵的特征值与特征向量

定义 5.1 设 A 是 n 阶方阵,λ 是一个数,如果存在非零的列向量 x,使得

$$Ax = \lambda x$$

成立,则称 λ 为方阵 A 的特征值,非零向量 x 为方阵 A 的属于特征值 λ 的一个特征向量.

调用函数格式 1:eig(A)   %得到特征值与特征向量

调用函数格式 2:[D,X] = eig(A)   % D 为由特征列向量构成的方阵,X 为由特征值构成的对角阵

例 18　求方阵 $A = \begin{pmatrix} 3 & 1 & 0 \\ -4 & -1 & 0 \\ 4 & -8 & -2 \end{pmatrix}$ 的特征值与特征向量.

程序如下：

```
A = [3 1 0; -4 -1 0; 4 -8 -2]
[D,X] = eig(A)
```
运行结果如下：

```
D =
    0          0.1422      0.1422
    0         -0.2844     -0.2844
    1.0000     0.9481      0.9481
X =
   -2          0           0
    0          1           0
    0          0           1
```

5.7.2　方阵的特征多项式

调用函数格式：poly(A)

例 19　求方阵 $A = \begin{pmatrix} 5 & 7 & 6 \\ 6 & 9 & 3 \\ -2 & 8 & -2 \end{pmatrix}$ 的特征多项式.

程序如下：

```
A = [5 7 6;6 9 3;-2 8 -2];
R = poly(A)
disp(['特征多项式为：'])
RR = poly2sym(R)
```
运行结果如下：

```
R =
    1.0000   -12.0000   -37.0000 -228.0000
```
特征多项式为：

```
RR = x^3 - 12*x^2 - 37*x - 228
```

5.8　二次型化标准形

5.8.1　二次型函数的定义

只含有二次项的多元函数称为二次型函数. 例如：

$$f(x_1, x_2, x_3) = a_{11}x_1^2 + a_{22}x_2^2 + a_{33}x_3^2 + 2a_{12}x_1x_2 + 2a_{13}x_1x_3 + 2a_{23}x_2x_3$$

二次型的矩阵表示式为：

$$f = X^T A X$$

其中 A 为二次型矩阵，它是实对称阵 $A = \begin{pmatrix} a_{11} & a_{12} & a_{13} \\ a_{12} & a_{22} & a_{23} \\ a_{13} & a_{23} & a_{33} \end{pmatrix}$, $X = \begin{pmatrix} x_1 \\ x_2 \\ x_3 \end{pmatrix}$.

只含有平方项的二次型称为标准形. 例如：

$$f(y_1, y_2, y_3) = b_{11}y_1^2 + b_{22}y_2^2 + b_{33}y_3^2$$

5.8.2 将二次型函数经过坐标变换化为标准形

化二次型为标准形的步骤为：

（1）写出二次型矩阵 A，将 A 的特征值向量 X 及 A 的特征向量矩阵 D 求出，则 A 的特征值即为二次型化标准形的系数.

（2）再将 A 的特征向量矩阵 D 正交化，得正交变换矩阵 P. 写出变量的正交变换.

例 20 化下列二次型为标准形，并写出正交变换.

$$f = 2x_1x_2 + 2x_1x_3 - 2x_1x_4 - 2x_2x_3 + 2x_2x_4 + 2x_3x_4$$

程序如下：

```
A = [0 1 1 –1 ; 1 0 –1 1 ; 1 –1 0 1 ;  -1 1 1 0]        %二次型矩阵
[D, X] = eig( A )                    %D 是 A 的特征向量矩阵，X 是 A 的特征值向量
P = orth(D)                          %P 是由 D 正交规范化得到的正交变换矩阵
```

运行结果如下：

A =

0	1	1	-1
1	0	-1	1
1	-1	0	1
-1	1	1	0

D =

0.788 7	0.211 3	0.500 0	-0.288 7
0.211 3	0.788 7	-0.500 0	0.288 7
0.577 4	-0.577 4	-0.500 0	0.288 7
0	0	0.500 0	0.866 0

X =

1.000 0	0	0	0
0	1.000 0	0	0
0	0	-3.000 0	0
0	0	0	1.000 0

P =

0.788 7	-0.211 3	-0.000 0	0.577 4
0.211 3	0.788 7	0.577 4	0
0.577 4	0.000 0	-0.211 3	-0.788 7
0	-0.577 4	0.788 7	-0.211 3

正交变换为

$$X = PY$$

其标准形为

$$f = y_1^2 + y_2^2 - 3y_3^2 + y_4^2$$

例 21 化下列二次型为标准形，并写出正交变换.

$$f = 3x_1^2 + 4x_2^2 - 2x_3^2 + 6x_4^2 + 2x_1x_2 - 2x_1x_3 + 6x_2x_3 - 4x_2x_4 + 8x_3x_4$$

程序如下：

A = [3 1 –1 0; 1 4 3 –2; –1 3 –2 4; 0 –2 4 6]

[D,X] = eig(A)

P = orth(D)

运行结果如下：

X =

5.306 9	0	0	0
0	3.021 5	0	0
0	0	7.898 5	0
0	0	0	-5.226 9

P =

0.751 9	-0.020 4	0.627 5	-0.200 9
-0.397 8	0.182 0	0.202 0	-0.876 2
0.334 2	-0.641 7	-0.553 4	-0.412 7
0.405 8	0.744 8	-0.509 0	-0.146 9

正交变换为

$$X = PY$$

以特征值为系数写出其标准形为：

$$f = 5.306\,9y_1^2 + 3.021\,5y_2^2 + 7.898\,5y_3^2 - 5.226\,9y_4^2$$

5.9 多项式

5.9.1 多项式的表示法

在代数中多项式一般表示为：

$$f(x) = a_0x^n + a_1x^{n-1} + \cdots + a_{n-1}x + a_n$$

不同多项式的区别在于系数向量的维数和元素不同，因此，多项式可以用按降幂排列的系数构成的向量表示. 例如：多项式 $f(x) = 3x^4 + 6x^2 - 4x + 8$，其系数构成的向量 $c = [3\ 0\ 6\ -4\ 8]$.

注意：若多项式低于最高次的某一项空缺，系数向量相应的位置要添 0.

5.9.2 两种构造多项式的方法

（1）用向量元素为系数构造多项式.

格式：poly2sym(c)

例 22 用向量 $c = (3\ 4\ 1\ -4\ 6\ 8)$ 构造多项式.

程序如下：

```
c = [3 4 1 -4 6 8];
f = poly2sym(c)
```

运行结果如下：

```
f =
      3*x^5 + 4*x^4 + x^3 - 4*x^2 + 6*x + 8
```

（2）已知多项式的零点构造多项式.

格式：poly(r)

例 23 已知多项式 $f(x)$ 的零点，即方程 $f(x) = 0$ 的根 $r_1 = 2, r_2 = 3, r_3 = 5$，构造多项式.

程序如下：

```
r = [2 3 5];
c = poly(r);
f = poly2sym(c)
```

运行结果如下：

```
f =
      x^3 - 10*x^2 + 31*x - 30
```

5.9.3 多项式 $f(x)$ 构成的方程 $f(x) = 0$ 求根

调用函数格式：roots(c)   %c 为多项式按降幂构成的系数向量

例 24 求 $x^3 - 7x - 6 = 0$ 的根.

程序如下：

```
c = [1 0 -7 -6];        %多项式的系数向量
r = roots(c)            %求根
```

运行结果如下：

```
r =
       3.000 0
      -2.000 0
      -1.000 0
```

5.9.4　多项式的四则运算

1. 多项式的和、差运算

当求两个或多个多项式的和时，需将求和中各多项式的系数构成同维向量，要在低次多项式的系数向量前面补零，以构成与最高次多项式的系数向量同维.

例 25　已知三个多项式：

$$f_1(x) = 4x^3 - 2x^2 + 3x + 2 , \quad f_2(x) = x^5 - 3x^2 + 7 , \quad f_3(x) = 8x^4 - 2x^3 + x^2 - 5x + 1$$

求 $g(x) = f_1(x) + f_2(x) - f_3(x)$.

程序如下：

```
c1 = [0 0 4 -2 3 2];
c2 = [1 0 0 -3 0 7];
c3 = [0 8 -2 1 -5 1];
c = c1+c2-c3;
g = poly2sym(c)
```

运行结果如下：

```
g =
     x^5 - 8*x^4 + 6*x^3 - 6*x^2 + 8*x + 8
```

2. 多项式的乘积运算 conv(c1,c2)

例 26　已知两个多项式

$$a(x) = x^3 + 2x^2 + 3x + 4 \quad \text{和} \quad b(x) = x^3 + 4x^2 + 9x + 16$$

求它们的乘积.

程序如下：

```
a = [1 2 3 4];
b = [1 4 9 16];
c = conv(a,b)
f = poly2sym(c)
```

运行结果如下：

```
c =
     1     6     20     50     75     84     64
f =
     x^6 + 6*x^5 + 20*x^4 + 50*x^3 + 75*x^2 + 84*x + 64
```

3. 多项式的除法运算 deconv(c1,c2)

例 27　已知两个多项式 $a(x) = 4x^4 + 6x^3 + 3x^2 + 4$ 和 $b(x) = -2x^2 + 3x + 16$，求它们的商.

程序如下：

```
a = [4 6 3 0 4];
b = [-2 3 16];
[c,r] = deconv(a,b)        %c 是商多项式的系数向量，r 是余数多项式的系数向量
```

```
f = poly2sym(c)          %商多项式
p1 = poly2sym(r)         %余数多项式
p2 = poly2sym(b)         %除数多项式
Z = f+p1/p2              %多项式除法不能整除时的结果
```
运行结果如下:

```
q =
    1    4    9    16
r =
    0    0    0    0    0    0    0
f =
    - 2*x^2 - 6*x - 53/2
p1 =
    (351*x)/2 + 428
p2 =
    3*x - 2*x^2 + 16
Z =
    ((351*x)/2 + 428)/(3*x - 2*x^2 + 16) - 6*x - 2*x^2 - 53/2
```

5.9.5 多项式的分析运算

1. 多项式的导数运算 polyder(c)

例 28 求 $f(x)=8x^6+4x^5-3x^4+x^3+5x^2-x+12$ 的导数.

程序如下:

```
c = [8 4 -3 1 5 -1 12];
c1 = polyder(c)
f1 = poly2sym(c1)
```
运行结果如下:

```
c1 =
    48    20    -12    3    10    -1
f1 =
    48*x^5 + 20*x^4 - 12*x^3 + 3*x^2 + 10*x - 1
```

2. 多项式的估值运算 polyval(c)

例 29 求多项式 $f(x)=5x^6-3x^5+2x^4+x^3-6x^2+4x+2$ 在给定点 $x=[2, 5]$ 时多项式的值.

程序如下:

```
c = [5 -3 2 1 -6 4 2];
z = polyval(c,[2,5])
```
运行结果如下:

z =

      250   69997

3. 多项式方程 $f(x)=0$ 的求根运算 roots(c)

例 30 求方程 $x^4-9x^3+21x^2+x-30=0$ 的根.

程序如下：

```
c = [1 -9 21 1 -30];
r = roots(c)
```

运行结果如下：

```
r =
        5.0000
        3.0000
        2.0000
       -1.0000
```

4. 多项式的拟合运算 polyfit(x,y,n)

polyfit(x,y,n)表示用最小二乘法对数据 x, y 进行 n 阶多项式函数的拟合.

例 31 已知数据由 x = 0:0.1*pi:2*pi; y = sin(x)生成，用 6 阶多项式进行拟合.

程序如下：

```
x = 0:0.1*pi:2*pi;
y = sin(x);
c = polyfit(x,y,6);
z = polyval(c,x);
plot(x,y,'ro-',x,z,':')
```

运行结果如图 5.3 所示.

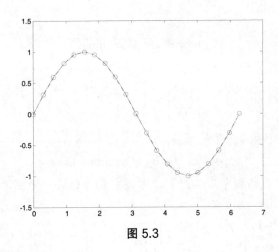

图 5.3

原数据点与拟合曲线非常吻合.

5.10 线性代数应用举例

问题： Hill 密码的加密、解密与破译.

甲方将要传递的原信息用矩阵密钥进行加密，形成其他人看不懂的密文再发送给乙方. 乙方再将甲方网上发来的密文信息，按照约定的矩阵密钥进行破译.

下面以简单的二阶矩阵 A 作为密钥矩阵，来讲述加密与解密的计算过程.

首先对信息做数值化处理. 将汉语拼音的 26 个字母与 0～25 之间的整数建立一一对应关系（见表 5.1）.

表 5.1　字母表值

A	B	C	D	E	F	G	H	I	J	K	L	M
0	1	2	3	4	5	6	7	8	9	10	11	12
N	O	P	Q	R	S	T	U	V	W	X	Y	Z
13	14	15	16	17	18	19	20	21	22	23	24	25

5.10.1　信息加密

信息加密过程如下：

第一步：确定原文信息.

第二步：将原文信息用拼音字母写出.

第三步：对照字母数值表将其用数值表示.

第四步：将数值按每列 2 个数字次序构成 2 行多列矩阵 B，若非偶数个数字，最后填 0.

第五步：用密钥矩阵 A 左乘矩阵 B 得 $C = A*B$.

第六步：对 C 模 26 求余得 $C1$：$C1 = \text{rem}(C,26)$.　　　　%求余运算

第七步：对应字母数值表将 $C1$ 按列次序写成一串字母，作为密文发布给对方.

例 32　原文信息："请在江桥会面".

其汉语拼音为：

"qingzaijiangqiaohuimian"

设密钥为二阶矩阵 A（注：要求 A 的行列式与 26 无公约数）：

$$A = \begin{pmatrix} 1 & 3 \\ 0 & 5 \end{pmatrix}$$

将写出的拼音的相邻 2 个字母分为一组：

qi ng za ij ia ng qi ao hu im ia na

最后一个 a 是哑字母，当拼音字母为奇数个时，它是给最后一个字母凑对的. 然后查出每对字母对应的数值按列排出：

$$\begin{pmatrix}16\\8\end{pmatrix}\begin{pmatrix}13\\6\end{pmatrix}\begin{pmatrix}25\\0\end{pmatrix}\begin{pmatrix}8\\9\end{pmatrix}\begin{pmatrix}8\\0\end{pmatrix}\begin{pmatrix}13\\6\end{pmatrix}\begin{pmatrix}16\\8\end{pmatrix}\begin{pmatrix}0\\14\end{pmatrix}\begin{pmatrix}7\\20\end{pmatrix}\begin{pmatrix}8\\12\end{pmatrix}\begin{pmatrix}8\\0\end{pmatrix}\begin{pmatrix}13\\0\end{pmatrix}$$

构成矩阵 B：

$$B = [16 \quad 13 \quad 25 \quad 8 \quad 8 \quad 13 \quad 16 \quad 0 \quad 7 \quad 8 \quad 8 \quad 13$$
$$8 \quad 6 \quad 0 \quad 9 \quad 0 \quad 6 \quad 8 \quad 14 \quad 20 \quad 12 \quad 0 \quad 0]$$

用密钥矩阵 A 左乘矩阵 B 得 $C = A*B$.

$C =$

40	31	25	35	8	31	40	44	67	44	8	13
40	30	0	45	0	30	40	70	100	60	0	0

这些数组中有些数值超过了 26，不能还原成拼音字母，因此需要对 26 求余，称之为模 26 运算.

程序如下：

C1 = rem(C,26)　　　　　%求余运算

运行结果如下：

C1 =

14	5	25	9	8	5	14	18	15	18	8	13
14	4	0	19	0	4	14	18	22	8	0	0

对照表 5.1，以列为次序写出对应的字母，作为密文发布给乙方：

"oofezajtiafeoosspwsiian"

5.10.2　信息解密

乙方收到甲方传来的密文后如何将明文解密成原文？其解密步骤如下：

第一步：将收到的一串字母密文信息对应字母数值表用数值写出.

第二步：将数值按每列 2 个数字次序构成 2 行若干列矩阵 $B1$.

第三步：求密钥矩阵 A 的模 26 逆矩阵 $A1$. 算法为：

（1）求 A 的行列式 Ad.

（2）查模 26 倒数表（表 5.2）得 ad.

（3）求 A 的伴随矩阵 Ab.

（4）$A1 = ad*Ab+5*26$（加后项为去负数）.

（5）$A1$ 模 26 求余得逆阵 $a1$：$a1 = rem(A1,26)$.

第四步：$B2 = a1*B1$.

第五步：对 $B2$ 模 26 求余得 $B3$，此时的 $B3$ 与加密时的 B 相同.

第六步：对应字母数值表将 $B3$ 按列次序写成一串拼音字母.

第七步：由拼音还原成中文原文.

其中 A 的模 26 逆矩阵，就是 A 的行列式关于模 26 的倒数乘以 A 的伴随矩阵.

表 5.2　模 26 倒数表

a	1	3	5	7	9	11	15	17	19	21	23	25
a^{-1}	1	9	21	15	3	19	7	23	11	5	17	25

例 33　对例 32 的密文解密.

对收到的密文按字母数值化构造出矩阵 $B1$.

B1 =

    14   5   25   9   8   5   14   18   15   18   8   13
    14   4   0   19   0   4   14   18   22   8   0   0

计算 **A** 的行列式 Ad = det(A) = 5.

查表 5.2 得 5 的模 26 的倒数是 21.

求 **A** 的伴随矩阵：Ab = det(A)*inv(A)

    Ab =

        5.0000   -3.0000
        0   1.0000

求 **A** 的逆：A1 = ad*Ab+5*26（加后项为去负数），

再对 *A*1 模 26 求余得逆矩阵 **a**1：a1 = rem(*A*1,26).

    a1 =

        1   15
        0   21

作 **B**2 = **a**1***B**1，再对 **B**2 模 26 求余得 **B**3：**B**3 = rem(B2).

可验证 **B**3 == **B**.

对应字母数值表将 **B**3 按列次序写成一串拼音字母，再对应写出原汉字信息.

5.11 本章常用函数

函数调用格式	功能作用
zeros(n,m)	n 行 m 列零矩阵
ones(n,m)	n 行 m 列壹矩阵
rand(n,m)	n 行 m 列随机阵
randn(n,m)	n 行 m 列正态随机阵
eye(n)	n 阶单位阵
magic(n)	n 阶幻方阵
vander(c)	由数组 *c* 构成的范德蒙矩阵
[a,i] = max(A)	*A* 中每列的最大元素向量及所在位置向量
[b,i] = min(A)	*A* 中每列的最小元素向量 *b* 及所在位置向量
mean(A)	*A* 中列元素的平均值构成的行向量
median(A)	*A* 中列元素的中位数构成的行向量
std(A)	*A* 中列元素的标准差构成的行向量
sum(A)	*A* 中列元素的和构成的行向量
prod(A)	*A* 中列元素的积构成的行向量
cumsum(A)	*A* 中列元素的累计和构成的行向量
cumprod(A)	*A* 中列元素的累计积构成的行向量
cumtrapz(A)	对 *A* 用梯形法求累积数值积分

sort(A)	对 A 的每列元素按升序进行排序
sortrows(A)	以第一列为标准按升序排列矩阵 A 的各行
det(A)	方阵 A 的行列式
rank(A)	矩阵 A 的秩
inv(A)	矩阵 A 的逆
[D,X] = eig(A)	矩阵 A 的特征向量构成的矩阵与特征值构成的对角阵
norm(A)	矩阵 A 的范数
orth(A)	矩阵 A 的正交化
poly(A)	矩阵 A 的特征多项式
rref(A)	将矩阵 A 化为阶梯形的最简式
size(A)	矩阵 A 阶数的大小
poly2sym(c)	用向量作为系数构造多项式
roots(c)	用方程 $f(x)=0$ 的多项式系数向量求根
conv(c1,c2)	多项式的乘积运算
[c,r] = deconv(c1,c2)	多项式的除法运算
polyder(c)	多项式的导数运算
polyval(c)	多项式的估值运算
polyfit(x,y,n)	多项式的拟合运算

第6章 一元微积分实验

6.1 符号运算

高等数学中，求函数的导数、用不定积分求原函数、求微分方程的解，等等，常常需要做符号运算，因此，本章不仅给出数值运算以解决实际问题，还要学习使用 MATLAB 软件中的符号运算. 在第 2 章我们已经学习了字符型函数的定义及其基本运算，现在用例题来回顾字符型函数的相关运算.

例 1 定义函数 $f = \cos(x^2+4) + \ln(|x|) \cdot e^x - x + 2$，$g = \sin(x+1) + 2x^3 - 5x + 1$. 求 $f+g, f*g$.

程序如下：

```
syms x
f = cos(x^2+4)+log(abs(x))*exp(x)-x+2
g = sin(x+1)+2*x^3-5*x+1
h1 = f+g
h2 = f*g
```

运行结果如下：

```
f =
    cos(x^2 + 4) - x + log(abs(x))*exp(x) + 2
g =
    sin(x + 1) - 5*x + 2*x^3 + 1
h1 =
    sin(x + 1) - 6*x + cos(x^2 + 4) + log(abs(x))*exp(x) + 2*x^3 + 3
h2 =
    (cos(x^2 + 4) - x + log(abs(x))*exp(x) + 2)*(sin(x + 1) - 5*x + 2*x^3 + 1)
```

6.1.1 字符型与数值型间的转换

在计算中，有时我们需要将字符型表达式转化成数值型表达式，而有时又需要将数值型表达式转化成字符型表达式，下面给出它们之间转化的方法.

（1）字符型函数表达式与求函数值.

调用函数 eval 来实现求字符型函数的函数值.

例 2 定义函数 $f1 = \sin x(1 + \cos(x^2+2))$，将 x 赋值 4，再由 eval 求 $f(4)$的函数值.

程序如下：

```
syms x
f1 = sin(x)*(1+cos(x^2+2))   %字符型函数
x = 4;
f12 = eval(f1)                %转换成函数值
```
运行结果如下：
```
f1 =
    sin(x)*(1 + cos(x^2 + 2))
f12 =
    -1.2565
```
例 3 求多个自变量对应的函数值. 已知函数 $f2 = 2x^2 + 3x - 5$，求 $x = [-1, 0, 2, 3]$ 对应的函数值.

程序如下：
```
syms x
f2 = 2*x^2+3*x-5;
x = [-1 0 2 3];
f21 = eval(y)
```
运行结果如下：
```
y1 =
    -6    -5    9    22
```
（2）将数值转换成字符型表达式.

调用 sym 函数来实现，其有四种选参方式用于将数值 y 转化为符号表达式.

① sym(y,'r')   %选参为 r，返回字符型有理数形式（这是 sym 的默认设置）

② sym(y,'f')   %选参为 f，返回字符型浮点式

③ sym(y,'e')   %选参为 e，返回字符型有理数形式，同时根据 eps（浮点运算的相对精度）给出理论表达式和实际计算值的差

④ sym(y,'d')   %选参为 d，返回字符型十进制小数

例 4 $y = 0.25$
```
    y1 = sym(y, 'r')
```
运行结果如下：
```
    y1 =
        1/4
```
例 5 $y = 0.25$
```
    y2 = sym(y, 'f ')
```
运行结果如下：
```
    y2 =
        1/4
```
例 6 y3 = sym(1/3, 'e')

运行结果如下：
```
    y3 =
        1/3 -eps/12
```

第四种选参方式为 d，返回字符型十进制小数，要定义有效位数，由 digits 函数实现.

例7 digits(6)　　　　　　%定义有效位数 6 位

　　　　y4 = sym(pi, 'd')　　　%用十进制表示π

运行结果如下：

　　y4 =

　　　　3.14159

（3）检查变量是字符型还是数值型.

可在变量列表 Wordspace 窗口观察其图标，其中，黄色田图标表示数值型，蓝色六面体表示字符型. 如图 6.1 所示.

图 6.1

6.1.2　表达式的化简与替换

在不同的情况下需要不同的表达式形式，我们通过如下的例子来说明各类函数的用法.

（1）给出排版形式的输出函数 pretty(f).

例8　定义函数 $f = x^3 - 6x^2 + 11x - 6$，并给出排版形式的输出函数.

程序如下：

　　syms x　　　　　　　　%定义符号变量

　　f = x^3-6*x^2+11*x-6　%定义函数

　　pretty(f)　　　　　　　%排版形式，不可赋给变量

运行结果如下：

　　　　$x^3 - 6x^2 + 11x - 6$

（2）因式分解函数 factor(f).

例 9　对例 8 的函数做因式分解.

程序如下：

  f2 = factor(f)　　%因式分解

运行结果如下：

  f2 =

   (x −3)*(x − 1)*(x − 2)

（3）合并同类项函数 collect( ).

例 10　定义函数 $g = 3x^2-4x^2+5x+x^3-3x-6$，对其合并同类项.

程序如下：

  syms x

  g = 3*x^2–4*x^2+5*x+x^3–3*x–6

  g3 = collect(g)　　%合并同类项

运行结果如下：

  g3 =

   x^3 − x^2 + 2*x − 6

（4）将表达式展开函数 expand( ).

例 11　定义函数 $h = (x-1)(x-2)(x-3)$，将其展开为多项式形式.

程序如下：

  syms x

  h = (x–1)*(x–2)*(x–3)

  h1 = expand(h)　　　%展开因式

运行结果如下：

  h1 =

   x^3 − 6*x^2 + 11*x − 6

（5）将多项式转换成嵌套形式 horner( ).

例 12　定义函数 $f = x^3-6x^2+11x-6$，将多项式转换成嵌套形式.

程序如下：

  syms x

  f = x^3–6*x^2+11*x–6

  f1 = horner(f)　　%转换成嵌套形式

运行结果如下：

  f1 =

   x*(x*(x - 6) + 11) − 6

（6）找出表达式的最短形式 simple( )（有时需要用 2 次）.

例 13　定义函数 $f = \sqrt[3]{\dfrac{1}{x^3}+\dfrac{6}{x^2}+\dfrac{12}{x}+8}$，将其化为最短形式.

程序如下：

  syms x

  f = (1/x^3+6/x^2+12/x+8)^(1/3);

```
f1 = simple(f)

f2 = simple(f1)
```

运行结果如下：

```
f1 =
    (2*x+1)/x
f2 =
    2+1/x
```

6.1.3 符号表达式的运算

（1）提取分子、分母函数 numden(f)

调用格式：[n,d] = numden(f)

例 14 定义符号函数 $f = \dfrac{ax^2+9}{5x+b}$，并分别表示其分子、分母.

程序如下：

```
syms x a b
f = (a*x^2+9)/(5*x+b)
[n,d] = numden(f)
```

运行结果如下：

```
f =
    (a*x^2+9)/(5*x+b)
n =
    a*x^2+9
d =
    5*x+b
```

（2）符号表达式的反函数运算.

求符号表达式的反函数运算用函数 finverse( ).

调用格式：g = finverse(f)

        g = finverse(f,v)

说明：g = finverse(f,v)中，g 是返回变量为 v 的函数 f 的反函数. 未指定变量时，默认变量为 x. 当 f 的反函数为多值函数时，会给出一支函数的信息.

例 15 求函数 $y = \sin(x-1)$的反函数 .

程序如下：

```
syms x
y = sin(x–1)
g = finverse(y)
```

运行结果如下：

```
g =
    1+asin(x)
```

例 16　求函数 $y = \dfrac{t+a}{t-b}$ (a, b 为常量)的反函数.

程序如下：

```
syms t a b
y = (t+a)/(t-b)
g = finverse(y,t)
```

运行结果如下：

```
g =
    (a+t*b)/(t-1)
```

例 17　求函数 $y = 4x^2+1$ 的反函数.

程序如下：

```
syms x
y = 4*x^2+1;
g = finverse(y)
```

运行结果如下：

```
g =
    1/2*(x-1)^(1/2)
```

反函数是多值函数，只给出一支函数的信息.

6.2　求解代数方程

6.2.1　对多项式求根可用函数 roots( )

线性代数一章中学习过若对多项式求根，可用函数 roots( ).

调用格式：x = roots(A)

说明：x 为根向量；A 为多项式系数向量（降幂排列）.

例 18　求方程 $5x^2-2x-4 = 0$ 的根.

程序如下：

```
C = [5 -2 -4];
x = roots(C)
```

运行结果如下：

```
x =
     1.116 5
   - 0.716 5
```

6.2.2　一般方程求根

一般地，F 是符号函数，求解方程 $F = 0$ 的根可用函数 solve( ).

调用格式：x = solve(F)

说明：*x* 返回解向量，*F* 是符号表达式.

例 19 对于一般的一元二次方程 $ax^2+bx+c = 0$，可解得求根公式.

程序如下：

```
syms a b c x
F = a*x^2+b*x+c;
x = solve(F)
```

运行得求根公式如下：

```
x =
    -(b + (b^2 - 4*a*c)^(1/2))/(2*a)
    -(b - (b^2 - 4*a*c)^(1/2))/(2*a)
```

例 20 求解方程：$x^3-6x^2+11x-6 = 0$.

程序如下：

```
syms x
F = x^3–6*x^2+11*x–6
x = solve(F)
```

运行结果如下：

```
x =
    1
    2
    3
```

例 21 求方程 $1+\sin(x) = 0$ 的根.

程序如下：

```
syms x
x = solve(1+sin(x) )
```

运行结果如下：

```
x =
    -pi/2
```

6.2.3 求函数的零点

求解方程 $F = 0$，即求函数 F 的函数值为零的点，可用函数 fzero( ).

调用格式：x = fzero(f,x0)

　　　　　x = fzero(f,[a,b])

说明：*x* 返回使函数值为零的点；*f* 为符号表达式；*x*0 为初值点；[*a*,*b*] 是一个初始搜索区间，在区间端点处函数值应异号，否则会有错误信息. 该函数只能搜索到给定范围内的一个零点.

例 22 求方程 $e^x - 4x^2 = 0$ 的根.

程序如下：

```
f = 'exp(x)–4*x^2';
x = fzero(f,5)
```
运行结果如下：

```
x =
    4.306 6
```

例 23 求方程 $2x^3-6x+3 = 0$ 的根.

程序如下：

```
x = fzero('2*x^3–6*x+3',[1,5])
```

运行结果如下：

```
x =
    1.384 4
```

6.3　函数的极限与连续性

6.3.1　求函数的极限

调用计算极限的五种格式：

```
syms x y t h a              %符号变量说明
```
（1）limit(f,x,a)　　　　　　　%表示 $\lim\limits_{x \to a} f(x)$

（2）limit(f,a)　　　　　　　　%默认变量 x 或唯一符号变量

（3）limit(f)　　　　　　　　　%默认变量 x，且 $a = 0$

（4）limit(f,x,a, 'right')　　　　%右极限

（5）limit(f,x,a, 'left')　　　　%左极限

说明：inf 表示无穷大；NaN 代表不定值，即 $\dfrac{0}{0}$ 或 $\dfrac{\infty}{\infty}$；pi 表示 π.

例 24 计算：

$$y_1 = \lim_{x \to 0} \frac{\sin x}{x}; \qquad y_2 = \lim_{x \to \infty} \frac{\sin x}{x}; \qquad y_3 = \lim_{x \to 2} \frac{x-2}{x^2-4}$$

$$y_4 = \lim_{x \to 0+0} \frac{1}{x}; \qquad y_5 = \lim_{x \to 0-0} \frac{1}{x}; \qquad y_6 = \lim_{h \to 0} \frac{\sin(x+h)-\sin x}{h}$$

$$y_7 = \lim_{x \to a} \left[\left(1 + \frac{a}{x} \right) \sin x \right]$$

程序如下：

```
syms x h a
y1 = limit(sin(x)/x)
y2 = limit(sin(x)/x,inf)
y3 = limit((x–2)/(x^2–4),2)
y4 = limit(1/x,x,0, 'right')
```

y5 = limit(1/x,x,0, 'left')

y6 = limit((sin(x+h)−sin(x))/h,h,0)

y7 = limit((1+a/x)*sin(x),x,a)

运行结果如下：

y1 =

　　1;

y2 =

　　0;

y3 =

　　1/4;

y4 =

　　inf;

y5 =

　　−inf;

y6 =

　　cos(x);

y7 =

　　2*sin(a).

6.3.2　判断函数的连续性

定义 6.1　若函数 $f(x)$ 在 x_0 点有定义、有极限，且极限值等于函数值，则称 $f(x)$ 在 x_0 点连续.

例 25　判断函数 $f(x)$ 在 x_0 点的连续性.

通用程序如下：编辑连续性判断通用文件 lxx.m

```
syms x;
f = input('f = ')            %键盘输入要判断的函数
x0 = input('x0 = ')          %键盘输入要判断的点
f1 = limit(f,x,x0);          %求在该点函数的极限
x = x0;
f2 = eval(f);                %求该点的函数值
if f1 = = f2 &f2~ = inf      %判断极限值是否等于函数值
a = '函数在该点连续'
else a = '函数在该点不连续'
end
```

在命令行窗口运行：lxx

```
>> lxx
f = 1/x;            %键盘输入函数
x0 = 0;            %键盘输入 x 的值
```

运行结果如下：

a =

　　函数在该点不连续

再运行一次:

　　>> lxx

　　f = 1/x;

　　x0 = 3;

运行结果如下:

　　a =

　　　函数在该点连续

例 26　编写分段函数在分界点处连续性判断的通用程序.

编辑 M 文件: fdhslxx.m

```
syms x
y = input('段数 = ')                        %键盘输入分段函数的段数
    if y = = 2                              %如果是 2 段的分段函数
    f1 = input('f1 = ');                    %键盘输入第一段函数表达式
    f2 = input('f2 = ');                    %键盘输入第二段函数表达式
    x1 = input('分界点 = ');                 %键盘输入分界点坐标
    fx1 = input('分界点函数值 = ');           %键盘输入分界点处定义的函数值
    f1j = limit(f1,x,x1,'left');            %求分界点处的左极限
    f2j = limit(f2,x,x1,'right');           %求分界点处的右极限
    if f1j = = fx1&f2j = = fx1              %判断极限值是否等于函数值
    a = '函数在分界点处连续'
    else a = '函数分界点处不连续'
    end
    elseif y = = 3                          %否则如果是 3 段的分段函数
    f1 = input('f1 = ');                    %键盘输入第一段函数表达式
    f2 = input('f2 = ');                    %键盘输入第二段函数表达式
    f3 = input('f3 = ');                    %键盘输入第三段函数表达式
    x1 = input('分界点 1 = ');               %键盘输入分界点 1 的坐标
    x2 = input('分界点 2 = ');               %键盘输入分界点 2 的坐标
    fx1 = input('分界点 1 函数值 = ');        %键盘输入第一个分界点定义的函数值
    fx2 = input('分界点 2 函数值 = ');        %键盘输入第二个分界点定义的函数值
    f11j = limit(f1,x,x1,'left');           %求分界点 1 处的左极限
    f12j = limit(f2,x,x1,'right');          %求分界点 1 处的右极限
    if f11j = = fx1&f12j = = fx1
    a = '函数在分界点 1 连续'
    else a = '函数在分界点 1 不连续'
    end
    f2lj = limit(f2,x,x2,'left');           %求分界点 2 处的左极限
```

```
        f22j = limit(f3,x,x2,'right');              %求分界点 2 处的右极限
        if f21j = = fx2&f22j = = fx2
        a = '函数在分界点 2 连续'
        else a = '函数在分界点 2 不连续'
        end
    end
```

在命令行窗口运行：fdhslxx

>>fdhslxx ↵

```
    段数 = 2
    f1 = x^2
    f2 = 2-x
    分界点 = 1
    分界点函数值 = 1
```

运行结果如下：

```
    a =
        函数在该点连续
```

再运行一次：

>> fdhslxx ↵

```
    段数 = 3
    f1 = x^2
    f2 = 2-x
    f3 = x^2+5
    分界点 1 = 1
    分界点 2 = 2
    分界点 1 函数值 = 1
    分界点 2 函数值 = 6
```

运行结果如下：

```
    a =
        函数在分界点 1 连续
    a =
        函数在分界点 2 不连续
```

6.4 求导数与微分

6.4.1 $f(x)$ 的导函数

求导函数的四种格式：

（1）diff(f)   %关于符号变量对 f 求一阶导数

（2）diff(f,v)　　　　　　　%关于变量 *v* 对 *f* 求一阶导数

（3）diff(f,n)　　　　　　　%关于符号变量求 *n* 阶导数

（4）diff(f,v,n)　　　　　　%关于变量 *v* 对 *f* 求 *n* 阶导数

例 27　已知函数 $f = ax^3 + x^2 - bx - c$，求 $\dfrac{\mathrm{d}f}{\mathrm{d}x}, \dfrac{\mathrm{d}f}{\mathrm{d}a}, \dfrac{\mathrm{d}^2 f}{\mathrm{d}x^2}, \dfrac{\mathrm{d}^2 f}{\mathrm{d}a^2}$.

程序如下：

```
syms  x  a  b  c
f = a*x^3+x^2–b*x–c
y1 = diff(f)
y2 = diff(f,a)
y3 = diff(f,2)
y4 = diff(f,a,2)
```

运行结果如下：

```
y1 =
     3*a*x^2+2*x-b
y2 =
     x^3
y3 =
     6*a*x+2
y4 =
     0
```

6.4.2 $f(x)$ 的微分

数学算法：$\mathrm{d}y = y'\mathrm{d}x$.

例 28　求键盘输入的函数的微分.

程序如下：

```
syms x dx
f = input('f = ')
f1 = diff(f,x)
df = f1*dx
```

在命令行窗口运行结果如下：

```
f = sin(x)+x^2            %键盘输入函数表达式
f =
     sin(x)+x^2
f1 =
     cos(x)+2*x
df =
     (cos(x)+2*x)*dx
```

6.4.3 求平面曲线在 x_0 点的切线及法线方程

数学算法：已知曲线的参数方程

$$\begin{cases} x = x(t) \\ y = y(t) \end{cases}$$

对应 x_0 点的参数值为 t_0，则曲线的切线方程和法线方程分别为

$$y = y(t_0) + \frac{y'(t_0)}{x'(t_0)}(x - x(t_0))$$

$$y = y(t_0) - \frac{x'(t_0)}{y'(t_0)}(x - x(t_0))$$

求切线方程和法线方程的通用程序如下：
编辑 qxfx.m 文件：

```
syms x y t
x1 = input('x = ');
y = input('y = ');
xd = diff(x1,t);yd = diff(y,t);
t = input('t0 = ')
y1 = eval(y)+eval(yd)/eval(xd)*(x-eval(x1))        %切线方程
y2 = eval(y)-eval(xd)/eval(yd)*(x-eval(x1))        %法线方程
```

例 29 求曲线

$$\begin{cases} x = \cos(t) \\ y = \sin(t) \end{cases}$$

在 $t_0 = \pi/2$ 的切线方程及法线方程.

运行上述通用程序：qxfx.m
根据提示键盘输入：

```
x = cos(t)
y = sin(t)
t0 = pi/4
```

运行结果如下：切线方程和法线方程分别为

```
y1 =
     2^(1/2) - x
y2 =
     x
```

例 30 求曲线 $y = 2x^2 - 5$ 在点 $x_0 = 1$ 的切线方程和法线方程.
运行上述通用程序：qxfx.m
根据提示键盘输入：

```
x = t
```

```
y = 2t^2-5
t0 = 1
```
运行结果如下：切线方程和法线方程分别为
```
y1 =
    4*x - 7
y2 =
    - x/4 - 11/4
```

6.5 泰勒展开

函数 $f(x)$ 的 n 阶麦克劳林展开式 $f(x)=\sum_{k=1}^{n}a_kx^k+R_n$ 及函数 $f(x)$ 的 n 阶泰勒展开式

$f(x)=\sum_{k=1}^{n}a_k(x-x_0)^k+R_n$ 对应的命令格式分别为：

（1）taylor(f)   %默认将 f 展开成麦克劳林展开式 6 项
（2）taylor(f,x,x0,'order',n)   %泰勒展开式在 x_0 点展开 n 项
说明：展开式中不包含余项 R_n.
例 31 将 e^x 在 $x_0=0$ 点展开 5 项.
程序如下：
```
syms   x
f = 'exp(x)'
y1 = taylor(f,x,'order',5)        %在 x0 = 0 点展开 5 项
```
运行结果如下：
```
y1 =
    x^4/24 + x^3/6 + x^2/2 + x + 1
```
例 32 将 $y=\sin x$ 在 $x_0=3$ 点展开 6 项.
```
y2 = taylor('sin(x)',x,3)          %在 x0 = 3 点展开默认的 6 项
```
运行结果如下：
```
y2 =
    sin(3) - (sin(3)*(x - 3)^2)/2 + (sin(3)*(x - 3)^4)/24 +
    cos(3)*(x - 3) - (cos(3)*(x - 3)^3)/6 + (cos(3)*(x - 3)^5)/120
```
例 33 在 $x_0=0$ 点将 $\cos(x)$ 展开成 7 项.
程序如下：
```
y3 = taylor('cos(x)',x,'order',7)        %在 x0 = 0 点展开 7 项
```
运行结果如下：
```
y3 =
    - x^6/720 + x^4/24 - x^2/2 + 1
```
结果看上去只有 4 项，实际上还包含三个系数为 0 的项，共 7 项.

例 34 在 $x_0 = 0$ 点将 $\log(x+1)$ 展开成 5 项.

程序如下：

```
y4 = taylor('log(x+1)',x,'order',5)
```

运行结果如下：

```
y4 =
      - x^4/4 + x^3/3 - x^2/2 + x
```

例 35 在 $x_0 = 0$ 点将 $f = $'exp($x$)+2*cos($x$)' 展开成 4 项.

程序如下：

```
syms   x
f = 'exp(x)+2*cos(x)';
y5 = taylor(f,x,'order',4)
```

运行结果如下：

```
y5 =
      x^3/6 – x^2/2 + x + 3
```

6.6 求一元函数的极小值

6.6.1 函数的极小值

求函数 $f(x)$ 在 $[a,b]$ 内的极小值有下列几种命令格式：

调用函数参数设置的不同格式：

```
[x,minf] = fminbnd(f , a, b)
x = fminbnd(f , a, b,options)
```

（1）等式右端函数调用格式说明：

f 是求极值的函数；a, b 是指定搜索极值的区间左、右端点；

参数 options 指定优化参数选项：

Display 为显示的水平. 选择'off'，不显示输出；选择'iter'，显示每一步迭代过程的输出；选择'final'，显示最终运行结果.

Maxfunevals 为函数评价的最大允许次数.

Maxiter 为最大允许迭代次数.

TolX 为 x 处的终止容限.

（2）等式左端输出格式说明：

等式左端可以输出不同个数的变量，输出两个及以上的变量信息需加方括号：

```
x = fminbnd(···)
[x,fval] = fminbnd(···)
[x,fval,exitflag] = fminbnd(···)
[x,fval,exitflag,output] = fminbnd(···)
```

左端变量输出说明：

x 返回极值点；fval 返回极值；exitflag 若返回 1 表示搜索成功，若返回–1 表示未成功搜索到极小值点；若返回 0 表示已经达到函数评价或迭代的最大次数. output 返回包含优化信息的结构输出，有如下几种：

Output.iterations   为迭代次数

Output.algorithm   为采用的算法

Output.funccount   为函数评价次数

当不知道极值点所在的范围(a, b)时，可先用绘图函数绘出函数曲线图形，大致确定出极值点所在的范围，给出搜索区间，再用求极值点函数求得极值点.

6.6.2 函数的极大值

求函数的极大值时，需先将其变换成对每一项乘以–1 的函数，求变换后的函数的极小值点，算得其极小值后再乘以–1 进而还原成原来函数的极大值.

例 36 求 $f = x^3 - x^2 - x + 1$ 在$(-2 , 2)$内的极小值与极大值.

程序如下：

```
syms x;
f = 'x^3-x^2-x+1';
[x1,minf] = fminbnd( f ,-2,2)
[x2,mf] = fminbnd('-x^3+x^2+x-1',-2,2)
maxf = -mf
```

运行结果如下：

```
x1 =
      1.0000
minf =
        3.5776e-10
x2 =
      -0.3333
mf =
      -1.1852
maxf =
       1.1852
```

例 37 求 $f = 2e^{-x}\sin(x)$的极大值与极小值.

因不知道初始点的位置，故首先画出曲线图（见图 6.2）以确定搜索的初始点.

程序如下：

```
syms x;
f = 2*exp(-x)*sin(x);
ezplot(f,[0 ,8])              %画函数曲线图观察极值点
```

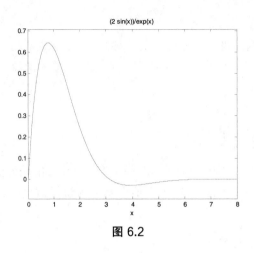

图 6.2

观察到极大值点约在[0,2]，极小值点约在[2,5]

继续编程：

    [x1,minf] = fminbnd('2*exp(-x)*sin(x) ',2,5)
    [x2,maxf] = fminbnd('-2*exp(-x)*sin(x) ',0,2)
    maxf = -maxf

运行结果如下：

    x1 =
         3.927 0
    minf =
          -0.027 9
    x2 =
         0.785 4
    maxf =
         0.644 8

例 38　对边长为 4 m 的正方形铁皮，在其四个角剪去相等的小正方形以制成无盖水槽，问如何剪裁可使水槽的容积最大？

建立数学模型：

设 x 为剪去的小正方形的边长，V 为水槽容积，则 $V = (4–2x)^2 x, (0<x<2)$. 程序如下：

    syms x
    [x,maxf] = fminbnd('-(4-2*x)^2*x ',0,2)
    maxf = -maxf

运行结果如下：

    x =
         0.666 7
    maxf =
         4.740 7

答：当正方形的边长裁为 0.666 7 m 时，其容积最大.

6.7 一元函数积分

6.7.1 不定积分

调用计算不定积分格式：

    int(f)   %对 f 关于符号变量求不定积分：$\int f(x)\mathrm{d}x$

    int(f,v)   %对 f 关于变量 v 求不定积分：$\int f(v)\mathrm{d}v$

注：软件运行的不定积分的运行结果中只显示一个原函数，省略了加任意常数 C.

例 39 计算 $y1 = \int x^2 \mathrm{e}^x \mathrm{d}x$，$y2 = \int (\sin(2x) + x^3)\mathrm{d}x$.

程序如下：

```
syms x
y1 = int(x^2*exp(x))
y2 = int(sin(2*x)+x^3)
```

运行结果如下：

```
y1 =
        exp(x)*(x^2 - 2*x + 2)
y2 =
        x^4/4 - cos(2*x)/2
```

6.7.2 定积分

调用计算定积分格式：

    int(f,a,b)   %对 f 关于符号变量从 a 到 b 求定积分：$\int_a^b f(x)\mathrm{d}x$

    int(f,v,a,b)   %对 f 关于变量 v 从 a 到 b 求定积分：$\int_a^b f(v)\mathrm{d}v$

例 40 求定积分 $y3 = \int_0^{2\pi} ax\sin(x)\mathrm{d}x$，$y4 = \int_1^6 (x^2\cos(3t) + 4t^3)\mathrm{d}t$.

程序如下：

```
syms x a t
f1 = a*x*sin(x);
f2 = x^2*cos(3*t)+4*t^3;
y3 = int(f1,0,pi)          %积分变量为 x 的定积分
y4 = int(f2,t,1,6)          %积分变量为 t 的定积分
```

运行结果如下：

```
y3 =
        pi*a
y4 =
        (sin(18)/3 - sin(3)/3)*x^2 + 1295
```

例 41 计算广义积分 $\int_{-\infty}^{+\infty} e^{-x^2} dx$. 这是一个概率积分，被积函数没有有限形式的原函数，依然可用积分函数 int( )求解.

程序如下：

```
syms x ;
f = exp(-x^2);
f1 = int(f,x,-inf,inf)
```

运行结果如下：

```
f1 =
    pi^(1/2)
```

6.8 定积分的应用

6.8.1 求平面图形的面积

数学公式： $A = \int_a^b [y_2(x) - y_1(x)] dx$.

通用程序如下：编辑函数式 m 文件 pmtxmj.m

```
function y = pmtxmj(y1,y2,a,b)
y = int((y2-y1),a,b);
end
```

例 42 调用通用程序，求由 $y = e^x$, $y = e^{-x}$ 与直线 $x = 1$ 所围成的面积.

程序如下：

```
syms x
y1 = exp(-x);y2 = exp(x);
a = 0;b = 1;
A = pmtxmj(y1,y2,a,b)
```

运行结果如下：

```
A =
    exp(1)+exp(-1)-2
```

6.8.2 求旋转体的体积

数学公式： $V = \int_a^b \pi [f(x)]^2 dx$.

通用程序如下：编辑函数式 m 文件 xzttj.m

```
function y = xzttj(f,a,b)
y = int(pi*f^2,a,b);
end
```

例 43 求椭圆 $y = \dfrac{b}{a}\sqrt{a^2 - x^2}$ 绕 x 轴旋转而形成的椭球的体积.

程序如下：

```
syms x,a,b
f = b/a*sqrt(a^2-x^2)
v = xzttj(f,-a,a)
```

运行结果如下：

```
v =

     4/3*pi*b^2*a
```

6.8.3　求已知截面面积的立体的体积

数学公式： $V = \displaystyle\int_a^b A(x)\mathrm{d}x$.

通用程序如下：编辑函数式 m 文件 jmtj.m

```
function y = jmtj(A,a,b)
y = int(A,a,b);
end
```

例 44　求已知截面面积为 $A(x) = 3x^4 + 6x - 5$ ， $x \in [0,5]$ 的立体的体积.

程序如下：

```
syms x
A = 3*x^4+6*x-5
V = jmtj(A,0,5)
```

运行结果如下：

```
V =

     1 925
```

6.8.4　求平面曲线的弧长

数学公式：当曲线是直角坐标系下的函数时， $S = \displaystyle\int_a^b \sqrt{1 + y'^2}\,\mathrm{d}x$ ；

当曲线由参数方程给出时， $S = \displaystyle\int_\alpha^\beta \sqrt{\phi'^2(t) + \varphi'^2(t)}\,\mathrm{d}t$ ；

当曲线由极坐标方程给出时， $S = \displaystyle\int_\alpha^\beta \sqrt{r^2(\theta) + r'^2(\theta)}\,\mathrm{d}\theta$.

通用程序如下：编辑函数式 m 文件 pmqxhc.m

```
function y = pmqxhc(x,y,a,b)
y = int(sqrt(diff(x,t)^2+diff(y,t)^2),a,b);
end
```

例 45 计算摆线 $\begin{cases} x = a(t - \sin t) \\ y = a(1 - \cos t) \end{cases}$ $(0 \leqslant x \leqslant 2\pi)$ 的一拱的长度.

程序如下:

```
syms t a
x = a*(t-sin(t));y = a*(1-cos(t));
s = pmqxhc(x,y,0,2*pi)
```

运行结果如下:

```
s =
    8a
```

6.8.5   求变力沿直线所做的功

数学公式: $W = \int_a^b F(x)\mathrm{d}x$.

通用程序如下: 编辑函数式 m 文件 blzg .m

```
function y = blzg(F,a,b)
y = int(F,a,b);
end
```

例 46   求变力 $F = x^3 + 1$ 沿直线段 $a = 1$, $b = 2$ 所做的功.

在命令行键入:

```
syms x
blzg('x^3+1',1,2);
```

运行结果如下:

```
y =
    19/4
```

6.8.6   求水的压力

数学公式: $P = \int_a^b p(x)\mathrm{d}A$.

请结合教材中的题目, 自行编程计算.

6.9   微分方程

6.9.1   求单个微分方程的通解与特解

函数 dsolve( )用于求解微分方程, 其中 Dy 表示 $\mathrm{d}y/\mathrm{d}t$ (t 为缺省的自变量); Dny 表示 y

对 t 的 n 阶导数.

程序格式：

y = dsolve('Dy = 1+y^2')	%求一阶微分方程的通解
y = dsolve('Dy = 1+y^2', 'y(0) = 1')	%求一阶微分方程代初始条件的特解
y = dsolve('D2y = cos(2*x) ', 'x')	%求二阶微分方程的通解
y = dsolve('D2y = cos(2*x) ', 'y(0) = 1', 'Dy(0) = 0', 'x')	%求二阶微分方程代初始条件的特解

例 47 求 $y' = ay$ 的一阶通解.

程序如下：

　　　y = dsolve('Dy = a*y')

运行结果如下：

　　　y =

　　　　exp(a*t)*C1

例 48 求 $y' = ay$，$y(0) = 1$ 的一阶特解.

程序如下：

　　　y = dsolve('Dy = a*y', 'y(0) = 1')

运行结果如下：

　　　y =

　　　　exp(a*t)

例 49 求 $y'' = -a2y$ 的二阶通解.

程序如下：

　　　y = dsolve('D2y = -a^2*y')

运行结果如下：

　　　y =

　　　　C1*cos(a*t)+C2*sin(a*t)

例 50 求 $y'' = -a^2y$, $y(0) = 1$, $y'(pi/a) = 0$ 的二阶特解.

程序如下：

　　　y = dsolve('D2y = -a^2*y', 'y(0) = 1,Dy(pi/a) = 0')

运行结果如下：

　　　y =

　　　　cos(a*t)

6.9.2　多个方程的微分方程组求解

程序格式：

[u,v] = dsolve('Du = v', 'Dv = u')	%两个方程，两个输出
S = dsolvw('Df = g', 'Dg = h',Dj = f ')	%三个方程，结构输出

输出成员：S.f, S.g, S.h

例 51 求微分方程组

$$\begin{cases} \dfrac{\mathrm{d}f}{\mathrm{d}t} = 3f + 4g \\[3mm] \dfrac{\mathrm{d}g}{\mathrm{d}t} = -4f + 3g \end{cases}$$

满足初始条件：$f(0) = 0, g(0) = 1$ 的解.

程序如下：

```
[f,g] = dsolve('Df = 3*f+4*g', 'Dg = -4*f+3*g', 'f(0) = 0,g(0) = 1')
```

运行结果如下：

```
f =
     exp(3*t)*sin(4*t)
g =
     exp(3*t)*cos(4*t)
```

6.9.3 微分方程的数值解

函数 ODE23 或 ODE45 用于求微分方程的数值解.

程序格式：$[t,x] = \text{ode23}('f\,',t0,tf,x0)$

其中 t 为自变量，x 为因变量，f 为函数文件名，$t0$ 和 tf 分别是积分的上、下限. $x0$ 是初始状态列向量.

例 52 求微分方程 $\dfrac{\mathrm{d}^2 x}{\mathrm{d}t^2} + (x^2 - 1)\dfrac{\mathrm{d}x}{\mathrm{d}t} + x = 0$.

解 此方程可以演化为状态方程：

令 $x_1 = \dfrac{\mathrm{d}x}{\mathrm{d}t}, x_2 = x$，于是原微分方程可写为

$$\begin{cases} \dfrac{\mathrm{d}x_1}{\mathrm{d}t} = (1 - x_2^2)x_1 - x_2 \\[3mm] \dfrac{\mathrm{d}x_2}{\mathrm{d}t} = x_1 \end{cases}$$

建立函数文件：wf.m

```
function xdot = wf(t,x)
xdot = zeros(2,1);
xdot(1) = (1-x(2)^2)*x(1)-x(2);
xdot(2) = x(1);
```

程序如下：

```
t0 = 0;
tf = 20;
x0 = [0,0.25];
[t,x] = ode23('wf',t0,tf,x0);
plot(t,x(:,1), ': b',t,x(:,2), '-r')
```

运行结果如图 6.3 所示. 这是解函数的曲线.

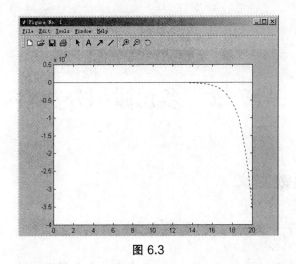

图 6.3

6.10 本章常用函数

函数调用格式	意义及作用
subs(f, 't', 'x')	将函数 f 中的变量 x 替换为变量 t
sym(y,'r')	将数值 y 转换成参数 r 型字符表达式
isstr(y)	检查 y 是字符型还是数值型的变量
pretty(f)	给出排版形式的输出函数
factor(f)	因式分解多项式函数 f
collect(f)	合并同类项函数
expand(f)	将表达式展开为函数
horner(f)	将多项式转换成嵌套形式
simple(f)	找出表达式的最短形式
numden(f)	提取分子、分母函数
finverse(f)	符号表达式的反函数运算函数
x = solve(C)	方程 $F = 0$ 求根，C 是多项式 F 的系数向量
solve(F)	一般方程 $F = 0$ 求根
fzero(F)	求函数 F 的函数值为零的点
limit(f,x,a)	计算极限 $\lim\limits_{x \to a} f(x)$
diff(f,x,n)	求 f 对 x 的 n 阶导数
taylor(f,x,x0,'order',n)	f 对 x 在 x_0 点展开成 n 项泰勒展开式
[x,fval,exitflag] = fminbnd(f , a, b)	在区间 $[a,b]$ 求 f 的极小值
int(f,x)	f 对 x 取不定积分
int(f,x,a,b)	f 对 x 在区间 $[a,b]$ 上取定积分
y = dsolve('Dy = 1+y^2')	求一阶微分方程的通解
y = dsolve('Dy = 1+y^2', 'y(0) = 1')	求一阶微分方程满足初始条件的特解
[t,x] = ode23('f ',t0,tf,x0)	求微分方程的数值解

第7章　多元微积分实验

7.1　多元函数定义

7.1.1　二元符号表达式函数定义法

例1　定义二元函数 $z = 5x^2 + 4y^2 \sin(x)$ ，并求在点 $(2, 3)$ 处的函数值.
程序如下：

```
syms x y
z = 5*x^2+4*y^2*sin(x)
x = 2;y = 3;
z1 = eval(z)
```

运行结果如下：

```
z1 =
    52.7347
```

7.1.2　M 文件定义函数

例2　编辑函数式 M 文件 f71.m，定义二元函数 $z = 5x^2 + 4y^2 \sin(x)$ ：

```
function z1 = f71(x,y)
z1 = 5*x^2+4*y^2*sin(x)
end
```

调用函数求函数值时，将形式参数赋值：

```
z2 = f71(2,3).
```

得

```
z2 =
    52.7347
```

例3　编辑函数式 M 文件 f72.m，定义二元函数 $z = 5x^2 + 4y^2 \sin(x)$ ，并绘图.

```
function z2 = f72(x,y)
syms x y
z2 = 5*x^2+4*y^2*sin(x)
end
```

在脚本文件中做绘图程序：

ezsurf(f72,[-10,10,-10,10])

运行结果如图 7.1 所示.

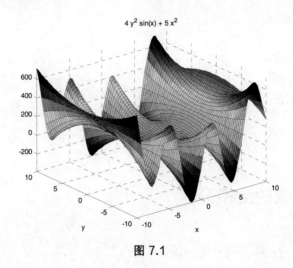

$4 y^2 \sin(x) + 5 x^2$

图 7.1

注意到例 2 与例 3 中函数式 m 文件的区别.

7.2 多元函数偏导数及高阶偏导数

（1）diff(z,x)   %函数对 x 求偏导数：z_x
（2）diff(z,y)   %函数对 y 求偏导数：z_y
（3）diff(z,x,2)   %函数对 x 求二阶偏导数：z_{xx}
（4）diff(z,y,2)   %函数对 y 求二阶偏导数：z_{yy}
（5）diff(diff(z,x),y)   %函数先对 x 再对 y 求二阶混合偏导数：z_{xy}

例 4 已知函数 $z = x^2 y^3 + \sin(xy)$，求 $z_x, z_y, z_{xx}, z_{yy}, z_{xy}, z_x(1, \pi)$.

程序如下：

```
syms x y z
z = x^2*y^3+sin(x*y)
f1 = diff(z,x)
f2 = diff(z,y)
f3 = diff(z,x,2)
f4 = diff(z,y,2)
f5 = diff(diff(z,x),y)
x = 1;y = pi; f6 = eval(f1)
```

运行结果如下：

```
f1 =
    2xy³ + ycos(xy)
f2 =
```

$$3x^2y^2 + x\cos(xy)$$

f3 =

$$2y^3 - y^2\sin(xy)$$

f4 =

$$6x^2y - x^2\sin(xy)$$

f5 =

$$6xy^2 + \cos(xy) - xy\sin(xy)$$

f6 =

58.8710

7.3 多元函数的全微分

数学算法：设 $z = f(x, y)$，则全微分 $dz = \dfrac{\partial z}{\partial x}dx + \dfrac{\partial z}{\partial y}dy$.

程序：sdz = diff(z,x)*'dx'+diff(z,y)*'dy '

例 5 已知 $z = (x^2 + y^2)\sin(xy)$，求 dz.

程序如下：

```
syms x y
z = (x^2+y^2)*sin(x*y);

dz = diff(z,x)* 'dx'+diff(z,y)* 'dy'
```

运行结果如下：

dz =

(2*x*sin(x*y)+(x^2+y^2)*cos(x*y)*y)*dx+(2*y*sin(x*y)+(x^2+y^2)*cos(x*y)*x)*dy

例 6 已知 $z = 3x^2y^3 + \ln(x*y)$，求：当 $x = 2, y = 3, \Delta x = 0.02, \Delta y = 0.01$ 时的 dz.

程序如下：

```
syms x y
z = 3*x^2*y^3+log(x*y);
zx = diff(z,x);
zy = diff(z,y);
x = 2;y = 3;
zx0 = eval(zx);
zy0 = eval(zy);
dx = 0.02;dy = 0.01;
dz = zx0*dx+zy0*dy
```

运行结果如下：

dz =

9.733 3

7.4 多元函数的极值

7.4.1 求无约束多元函数 $z = f(x, y)$ 的极值点 (x,y) 和极小值 $\min f$

求法一：[x,fval,exitflag] = fminsearch(f ,x0)

求法二：[x,fval,exitflag] = fminunc(f ,x0)

左端输出：

x：最优点（或最后迭代点）

fval：最优点对应的函数值

exitflag：算法迭代停止原因（1 收敛解，0 达到最大迭代次数停止迭代）

右端输入：

f：目标函数

$x0$：给定初始点，若未给定初始点，可由绘函数图形来估计.

两种方法采用的函数算法不同，前者采用 Nelder-Mead 单纯形搜索法，后者用 BFGS 拟牛顿法. 但求得的都是多元函数的极小值点. 求极大值点仍需用(−1)去乘以函数，再用函数 fminsearch( )或 fminunc( )求极值点. 求极大值用(−1)*fwal 来得到.

注意：求多元极值的程序中，多维自变量须用数组形式表达，即用 $x(1)$, $x(2)$ 表达.

例 7　求 $f(x) = (x_1^2 - 4x_2)^2 + 120(1 - 2x_2)^2$ 在点(−1, 2)临近的极小值.

程序如下：

```
x0 = [-1,2];
f = '(x(1)^2-4*x(2))^2+120*(1-2*x(2))^2';        %定义函数
[x,fval,exitflag] = fminsearch(f,x0)
```

运行结果如下：

```
x =
      -1.4141        0.5000
fval =
        3.9640e-08
exitflag =
        1
```

例 8　求 $f(x, y) = y^2 - 3x + (1 - x)^2$ 的极值.（通过绘图估计初值点）

程序如下：

建立目标函数 f73.m

```
function f = f73(x)
f = 'x(2)^2 -3*x(1)+(1 -x(1))^2'
end
```

绘图确定初始点：

```
syms x y
ezsurf(y^2-3*x+(1-x)^2,[-8,8,-8,8])             %对自变量做网格向量组
```

观察图 7.2 取初值点为(0.2,0.3).

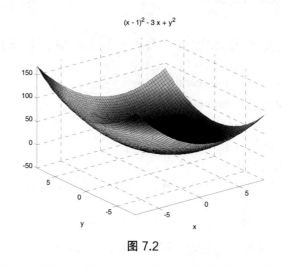

图 7.2

```
x0 = [0.2,0.3]
[x,fval,exitflag] = fminsearch(@f73,x0)     %当函数由 m 文件定义时，调用时函数前加@
```
运行结果如下：
```
x =
        2.5000       0.0000
fval =
           -5.2500
exitflag =
              1
```

7.4.2   求实际问题中的最值

对实际问题求最值，一般情形是最值存在，且有唯一驻点，则其驻点为所求最值点. 所以，在求其解过程中，主要工作是求多元函数的驻点.

求多元函数的驻点，就是求偏导数为零的点，故程序目标是求偏导函数的零点.

例 9   某厂要用铁板做一个体积为 2 m² 的有盖长方体水箱，问当长、宽、高各取怎样的尺寸时，才使用料最省？

解   建立数学模型.

设水箱的长为 x m，宽为 y m，则其高为 $\dfrac{2}{xy}$ m. 此时水箱所用材料的面积为 A.

目标函数：$\min A = 2\left(xy + \dfrac{2}{x} + \dfrac{2}{y}\right),\ x > 0, y > 0$.

程序如下：
```
syms x y ;
A = 2*(x*y+2/x+2/y);
```

```
dx = diff(A,'x');
dy = diff(A,'y');
```
运行结果如下：
```
dx =
      2*y - 4/x^2
dy =
      2*x - 4/y^2
```
%求解 $\mathrm{d}x$, $\mathrm{d}y$ 的偏导数为零的驻点坐标 x_0 和 y_0.

程序如下：
```
function s = f74(x)
[x,fval] = fsolve(@f74,[1,1])      %求偏导数为零的点
s(1) = 2*x(2)-4/x(1)^2;
s(2) = 2*x(1)-4/x(2)^2;
end
```
运行结果如下：
```
x =
      1.2599     1.2599
```
根据题意，最小值存在，所求驻点即为最值点. 即当水箱的长与宽均为 1.2599 m 时，制作水箱所用的材料最省.

对于非线性方程组 $F(x) = 0$，用 fsolve 函数求其数值解. fsolve 函数的调用格式为：
```
x = fsolve('fun',x0)
```
其中 x 为返回的解，fun 用于定义需求解的非线性方程组的函数文件名，x_0 是初值点.

7.5　重积分

7.5.1　二重积分与三重积分的数学算法

先将二重积分化为二次积分：

$$\iint\limits_{D} f(x,y)\mathrm{d}\sigma = \int_a^b \mathrm{d}x \int_{y_1(x)}^{y_2(x)} f(x,y)\mathrm{d}y$$

将三重积分化为三次积分：

$$\iiint\limits_{V} f(x,y,z)\mathrm{d}V = \int_a^b \mathrm{d}x \int_{y_1(x)}^{y_2(x)} \mathrm{d}y \int_{z_1(x,y)}^{z_2(x,y)} f(x,y,z)\mathrm{d}z$$

再用程序求解.

7.5.2　计算重积分的程序语句

二次积分：int(int(f,y,y1(x),y2(x)),x,a,b)

三次积分：int(int(int(f,z,z1(x,y),z2(x,y)),y,y1(x),y2(x)),x,a,b)

例 10　求 $\iint\limits_{D} xy^2\mathrm{d}x\mathrm{d}y$，$D$：$2 < x < 4$，$x < y < x^2$.

解　$\iint\limits_{D} xy^2\mathrm{d}x\mathrm{d}y = \int_2^4 \mathrm{d}x \int_x^{x^2} xy^2\mathrm{d}y$.

程序如下：

```
syms x y
f1 = 'x*y^2'
s1 = int(int(f1,y,x,x^2),x,2,4)
```

运行结果如下：

```
s1 =
     39 808/15
```

例 11　求 $\iiint\limits_{V} xyz\mathrm{d}x\mathrm{d}y\mathrm{d}z$，$V$：$0 < x < 1$，$0 < y < x$，$0 < z < xy.$

解　$\iiint\limits_{V} xyz\mathrm{d}x\mathrm{d}y\mathrm{d}z = \int_0^1 \mathrm{d}x \int_0^x \mathrm{d}y \int_0^{xy} xyz\mathrm{d}z$.

程序如下：

```
syms x y z;
f2 = 'x*y*z';
s2 = int(int(int(f2,z,0,x*y),y,0,x),x,0,1)
```

运行结果如下：

```
s2 =
     1/64
```

例 12　求 $\iiint\limits_{V}(x+yz)\mathrm{d}x\mathrm{d}y\mathrm{d}z$，其中，积分区域 V 为由曲面 $z = x^2 + y^2$，$y = x^2$，$y = 1$，$z = 0$

所围成的空间闭区域（见图 7.3）.

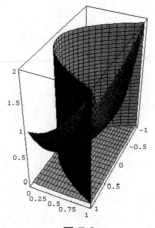

图 7.3

解　$\iiint\limits_{V}(x+yz)\mathrm{d}x\mathrm{d}y\mathrm{d}z = \int_{-1}^1 \mathrm{d}x \int_{x^2}^1 \mathrm{d}y \int_0^{x^2+y^2}(x+yz)\mathrm{d}z$.

程序如下：

```
syms x y z;
f3 = 'x+y*z';
s3 = int(int(int(f3,z,0,x^2+y^2),y,x^2,1),x,-1,1)
```

运行结果如下：

```
s3 =
    2056/6435
```

7.6 曲线积分

7.6.1 对弧长的曲线积分

1. 数学算法

需要先将对弧长的曲线积分化为定积分.

L 是二维曲线：

$$\int_L f(x,y)\mathrm{d}s = \int_a^b f(x(t),y(t))\sqrt{(x'(t))^2+(y'(t))^2}\,\mathrm{d}t$$

L 是三维曲线：

$$\int_L f(x,y,z)\mathrm{d}s = \int_a^b f(x(t),y(t),z(t))\sqrt{(x'(t))^2+(y'(t))^2+(z'(t))^2}\,\mathrm{d}t$$

2. 程序求解

编辑通用程序，sxjf.m 文件

```
function s = sxjf(f,x,y,z,a,b)
syms t
s = int(f*sqrt(diff(x,t)^2+diff(y,t)^2+diff(z,t)^2),t,a,b);
end
```

例 13 计算 $\int_l y^2 \mathrm{d}s$，l: $x = 3\cos(t)$, $y = 3\sin(t)$, $t \in [-2\pi, 2\pi]$.

程序如下：

```
syms t
x = 3*cos(t); y = 3*sin(t); z = 0;
f = y^2;
a = -2*pi; b = 2*pi;
s1 = sxjf(f,x,y,z,a,b)
```

运行结果如下：

```
s1 =
    54*pi
```

例 14 计算 $\int_L \sqrt{y}\mathrm{d}s$，其中 L 是抛物线 $y = x^2$ 上点 $O(0,0)$ 与点 $B(1,1)$ 之间的一段弧.

程序如下：

```
syms  t
x = t;y = t^2;z = 0
f = sqrt(y);
s2 = sxjf(f,x,y,z,0,1)
```

运行结果如下：

```
s2 =
    5/12*5^(1/2) -1/12
```

即：$s2 = \dfrac{1}{12}(5\sqrt{5}-1)$

例 15　计算曲线积分 $\int_{\Gamma}(x^2+y^2+z^2)\,\mathrm{d}s$，其中 Γ 为螺旋线 $x = a\cos t$，$y = a\sin t$，$z = kt$ 上相应于 t 从 0 到 2π 的一段弧.

程序如下：

```
syms t a k
x = a*cos(t);y = a*sin(t);z = k*t;
f = x^2+y^2+z^2;
s3 = sxjf(f,x,y,z,0,2*pi)
```

运行结果如下：

```
s3 =
    2*(a^2+k^2)^(1/2)*a^2*pi+8/3*(a^2+k^2)^(1/2)*k^2*pi^3
```

7.6.2　对于坐标的曲线积分

1. 数学算法

需要先将对坐标的曲线积分化为定积分.

L 是二维有向曲线：

$$\int_{L}P(x,y)\mathrm{d}x + Q(x,y)\mathrm{d}y = \int_{\alpha}^{\beta}\big[P(x(t),y(t))x'(t) + Q(x(t),y(t))y'(t)\big]\mathrm{d}t$$

L 是三维有向曲线：

$$\int_{L}P(x,y,z)\mathrm{d}x + Q(x,y,z)\mathrm{d}y + R(x,y,z)\mathrm{d}z$$
$$= \int_{\alpha}^{\beta}\big[P(x(t),y(t),z(t))x'(t) + Q(x(t),y(t),z(t))y'(t) + R(x(t),y(t),z(t))z'(t)\big]\mathrm{d}t$$

2. 程序求解

编辑通用程序 zxjf.m 文件

```
function s = zxjf(p,q,r,x,y,z,a,b)
syms t
s = int(p*diff(x,t)+q*diff(y,t)+r*diff(z,t),t,a,b);
end
```

例 16 计算 $\int_L 2xy\mathrm{d}x + x^2\mathrm{d}y$，其中 L 为抛物线 $y = x^2$ 上从 $O(0,0)$ 到 $B(1,1)$ 的一段弧.

程序如下：

```
syms t
x = t;y = t;z = 0;
p = 2*x*y;q = x^2;r = 0;
s4 = zxjf(p,q,r,x,y,z,0,1)
```

运行结果如下：

```
s4 =
    1
```

例 17 计算 $\int_L x^3\mathrm{d}x + 3zy^2\mathrm{d}y - x^2y\mathrm{d}z$，其中 $L: \begin{cases} x = 3t, \\ y = 2t, \\ z = t, \end{cases}$ 起点 $t = 1$，终点 $t = 0$.

程序如下：

```
syms t
x = 3*t;y = 2*t;z = t;
p = x^3;q = 3*z*y^2;r = -x^2*y;
s5 = zxjf(p,q,r,x,y,z,1,0)
```

运行结果如下：

```
s5 =
    -87/4
```

7.6.3 格林公式

1. 数学算法

定理 7.1 设闭区域 D 由分段光滑的曲线 L 围成，函数 $P(x,y)$ 及 $Q(x,y)$ 在 D 上具有一阶连续偏导数，则有

$$\iint_D \left(\frac{\partial Q}{\partial x} - \frac{\partial P}{\partial y} \right)\mathrm{d}x\mathrm{d}y = \oint_L P\mathrm{d}x + Q\mathrm{d}y$$

其中 L 是 D 的取正向的边界曲线.

2. 程序求解

编辑通用程序 glgs.m 文件

```
function s = glgs(p,q,x,y,y1,y2,a,b)
s = int(int(diff(q,x) -diff(p,y),y,y1,y2),x,a,b);
end
```

例 18 求 $\oint_L \mathrm{e}^x(1-\cos y)\mathrm{d}x - \mathrm{e}^x(y-\sin y)\mathrm{d}y$，$L: 0 \leqslant x \leqslant \pi$，$0 \leqslant y \leqslant \sin x$ 的边界.

解 先将对坐标的曲线积分化为二重积分再化为二次积分.

$$\oint_L e^x(1-\cos y)\mathrm{d}x - e^x(y-\sin y)\mathrm{d}y = \iint\limits_D (-e^x y)\mathrm{d}x\mathrm{d}y = \int_0^\pi \mathrm{d}x \int_0^{\sin x} (-e^x y)\mathrm{d}y$$

程序如下：

```
syms x y
p = exp(x)*(1-cos(y));q = -exp(x)*(y-sin(y));
y1 = 0;y2 = sin(x);a = 0;b = pi;
s6 = glgs(p,q,x,y,y1,y2,a,b)
```

运行结果如下：

```
s6=
    -1/5*exp(pi)+1/5
```

7.7 曲面积分

7.7.1 对面积的曲面积分

1. 数学算法

需要先将对面积的曲面积分化为二重积分再化为三次积分.

$$\iint\limits_\Sigma f(x,y,z)\mathrm{d}s = \iint\limits_D f(x,y,z(x,y))\sqrt{1+z_x^2(x,y)+z_y^2(x,y)}\mathrm{d}x\mathrm{d}y$$

2. 程序求解

编辑通用程序，smjf.m 文件

```
function s = smjf(f,z,y1,y2,a,b)
syms x y
s = int(int(f*sqrt(1+diff(z,x)^2+diff(z,y)^2),y,y1,y2),x,a,b);
end
```

例 19 计算曲面积分 $\iint\limits_\Sigma \dfrac{1}{z}\mathrm{d}s$ ，其中 Σ 是球面 $x^2+y^2+z^2 = a^2$ 被平面 $z = h(0<h<a)$ 截得的顶部.

解 Σ 的方程为 $z = \sqrt{a^2-x^2-y^2}$ ，故 $\sqrt{1+z_x^2+z_y^2} = \dfrac{a}{\sqrt{a^2-x^2-y^2}}$. 则

$$\iint\limits_\Sigma \frac{1}{z}\mathrm{d}s = \iint\limits_D \frac{a\mathrm{d}x\mathrm{d}y}{a^2-x^2-y^2} = a\int_0^{2\pi}\mathrm{d}\theta\int_0^{\sqrt{a^2-h^2}} \frac{r\mathrm{d}r}{a^2-r^2}$$

程序如下：

```
syms a r t h
f = a*int(int('r/(a^2 -r^2) ',r,0,sqrt(a^2 -h^2)),t,0,2*pi)
```

运行结果如下：

```
f =
    a*( -log(h^2)*pi+log(a^2)*pi)
```

例 20 计算 $\oiint_{\Sigma} xyz \mathrm{d}s$，$\Sigma$ 为：$x+y+z=1$ 位于第一卦限部分.

解（解法 1） Σ 为 $z=1-x-y$，则 $\sqrt{1+z_x^2+z_y^2}=\sqrt{3}$，故

$$\oiint_{\Sigma} xyz\mathrm{d}s = \iint_{D} \sqrt{3}xy(1-x-y)\mathrm{d}x\mathrm{d}y = \sqrt{3}\int_0^1 x\mathrm{d}x\int_0^{1-x} y(1-x-y)\mathrm{d}y$$

程序如下：

```
syms x y
f = sqrt(3)*int(int('x*y*(1-x-y)',y,0,(1-x)),0,1)
```
运行结果如下：

```
f =
     1/120*3^(1/2)
```
（解法 2）调用通用程序：

```
syms x y
z = 1 -x -y;
f = x*y*z;
y1 = 0;y2 = 1 -x;
s2 = smjf(f,z,y1,y2,0,1)
```
运行结果如下：

```
s2 =
     1/120*3^(1/2)
```

7.7.2 对坐标的曲面积分

1. 数学算法

需要先将对坐标的曲面积分化为二重积分再化为二次积分.

$$\iint_{\Sigma} R(x,y,z)\mathrm{d}x\mathrm{d}y = \pm\iint_{D_{xy}} R[x,y,z(x,y)]\mathrm{d}x\mathrm{d}y$$

$$\iint_{\Sigma} P(x,y,z)\mathrm{d}y\mathrm{d}z = \pm\iint_{D_{yz}} P[x(y,z),y,z]\mathrm{d}y\mathrm{d}z$$

$$\iint_{\Sigma} Q(x,y,z)\mathrm{d}z\mathrm{d}x = \pm\iint_{D_{zx}} Q[x,y(z,x),z]\mathrm{d}z\mathrm{d}x$$

2. 编程举例

例 21 计算 $\iint_{\Sigma} x^2y^2z\,\mathrm{d}x\mathrm{d}y$，其中 Σ 是球面 $x^2+y^2+z^2=R^2$ 的下半球面的下侧.

解 $\displaystyle\iint_{\Sigma} x^2y^2z\mathrm{d}x\mathrm{d}y = -\iint_{D_{xy}} x^2y^2(-\sqrt{R^2-x^2-y^2})\mathrm{d}x\mathrm{d}y$

$$= \int_0^{2\pi}\mathrm{d}\theta\int_0^R r^5\cos^2\theta\sin^2\theta\sqrt{R^2-r^2}\mathrm{d}r.$$

程序如下：

```
syms r t R
f = int(int('r^5*cos(t)^2*sin(t)^2*sqrt(R^2 -r^2) ',r,0,R),t,0,2*pi)
```

运行结果如下：

```
f =
      2/105*pi*R^4*(R^2)^(3/2)
```

7.7.3 高斯公式

1. 数学算法

定理 7.2 设 Ω 是由分片光滑的闭曲面 Σ 所围成的闭区域，$P(x,y,z)$, $Q(x,y,z)$, $R(x,y,z)$ 在 Ω 上具有一阶连续偏导数，则有

$$\iiint\limits_{\Omega}\left(\frac{\partial P}{\partial x}+\frac{\partial Q}{\partial y}+\frac{\partial R}{\partial z}\right)\mathrm{d}V = \oiint\limits_{\Sigma} P\mathrm{d}y\mathrm{d}z + Q\mathrm{d}z\mathrm{d}x + R\mathrm{d}x\mathrm{d}y$$

2. 程序求解

编辑通用程序 gsgs.m 文件.

```
function u = gsgs(p,q,r,z1,z2,y1,y2,a,b)
syms x y z
f = diff(p,x)+diff(q,y)+diff(r,z);
u = int(int(int(f,z,z1,z2),y,y1,y2),x,a,b);
end
```

例 22 利用高斯公式计算曲面积分 $\oiint\limits_{\Sigma}(x-y)\mathrm{d}x\mathrm{d}y + x(y-z)\mathrm{d}y\mathrm{d}z$ ，其中 Σ 为柱面 $x^2+y^2=1$ 及平面 $z=0, z=3$ 所围成的空间闭区域的整个边界曲面的外侧.

由高斯公式有

$$\oiint\limits_{\Sigma}(x-y)\mathrm{d}x\mathrm{d}y + x(y-z)\mathrm{d}y\mathrm{d}z = \iiint\limits_{\Omega}(y-z)\mathrm{d}x\mathrm{d}y\mathrm{d}z = \int_0^{2\pi}\mathrm{d}\theta\int_0^1\mathrm{d}r\int_0^3 r(r\sin(\theta)-z)\mathrm{d}z$$

解（解法 1） 用柱坐标.
程序如下：

```
syms t r
f = int(int(int(r*(r*sin(t) -z),z,0,3),r,0,1),t,0,2*pi)
```

运行结果如下：

```
f =
      -9/2*pi
```

（解法 2） 调用通用程序.

```
syms x y z
p = x*(y -z);q = 0;r = x -y
v = gsgs(p,q,r,0,3, -sqrt(1 -x^2),sqrt(1 -x^2), -1,1)
```

· 154 ·

运行结果如下：

    v =

        -9/2*pi

7.8 无穷级数

7.8.1 判断常数项级数的敛散性

1. 数学理论与方法

（1）如果级数的部分和数列 $\{s_n\}$ 有极限，则级数收敛.

（2）如果级数的一般项为 u_n，当 $n \to \infty$ 时的极限不为 0，则级数发散.

（3）比较法：正项级数 $\sum\limits_{n=1}^{\infty} u_n$ 和 $\sum\limits_{n=1}^{\infty} v_n$，若

$$\lim_{n \to \infty} \frac{u_n}{v_n} = l, \ (0 < l < +\infty)$$

则两级数同时收敛或同时发散.

（4）比值法：若正项级数 $\sum\limits_{n=1}^{\infty} u_n$ 的一般项满足

$$\lim_{n \to \infty} \frac{u_{n+1}}{u_n} = \rho$$

则当 $\rho < 1$ 时级数收敛；当 $\rho > 1$ 时级数发散；当 $\rho = 0$ 时用其他方法确定.

（5）根值法：若正项级数 $\sum\limits_{n=1}^{\infty} u_n$ 的一般项满足

$$\lim_{n \to \infty} \sqrt[n]{u_n} = \rho$$

则当 $\rho < 1$ 时级数收敛；当 $\rho > 1$ 时级数发散；当 $\rho = 0$ 时用其他方法确定.

2. 编程举例

例 23 判别下列级数的敛散性：

$$\frac{1}{1 \cdot 3} + \frac{1}{3 \cdot 5} + \frac{1}{5 \cdot 7} + \cdots + \frac{1}{(2n-1)(2n+1)} + \cdots$$

解 级数的部分和 $s_n = \dfrac{1}{2}\left(1 - \dfrac{1}{2n+1}\right)$.

程序如下：

```
syms n sn
sn = '1/2*(1 -1/(2*n+1))'
s = limit(sn,n,inf)
```
运行结果如下：

$$s =$$
$$1/2$$

故级数收敛.

例 24 判别下列级数的敛散性：

$$\sin\frac{\pi}{2} + \sin\frac{\pi}{2^2} + \sin\frac{\pi}{2^3} + \cdots + \sin\frac{\pi}{2^n} + \cdots$$

解 用比较法的极限形式：$\lim\limits_{n\to\infty}\dfrac{\sin(\pi/2^n)}{1/2^n}$.

程序如下：

```
syms  n
f = 'sin(pi/2^n)/(1/2^n)'
p = limit(f,n,inf)
```

运行结果如下：

```
p =
    pi
```

由比较法的极限形式知所给级数收敛.

例 25 判别下列级数的敛散性：$\displaystyle\sum_{n=1}^{\infty} 2^n \sin\frac{\pi}{3^n}$.

解 用比值法：$\lim\limits_{n\to\infty}\dfrac{u_{n+1}}{u_n}$.

程序如下：

```
syms n
f = 2^(n+1)*sin(pi/3^(n+1))/(2^n*sin(pi/3^n))
p = limit(f,n,inf)
```

运行结果如下：

```
p =
    2/3 <1
```

由比值法知所给级数收敛.

7.8.2　级数求和

当级数的和存在时，可以用 symsum 命令对级数求和.

例 26 p-级数：$1+\dfrac{1}{2^2}+\dfrac{1}{3^2}+\cdots$，它的和为 $\dfrac{\pi^2}{6}$；

几何级数：$1+x+x^2+x^3+\cdots$，它的和为 $-\dfrac{1}{x-1}$，假设$|x|<1$.

下面给出这两个求和运算：

程序如下：

```
syms x k
```

```
s1 = symsum(1/k^2,1,inf)
s2 = symsum(x^k,k,0,inf)
```
运行结果如下：
```
s1 =
    1/6*pi^2
s2 =
    -1/(x -1)
```

7.8.3 幂级数

幂级数形式：$\sum_{n=0}^{\infty} a_n x^n = a_0 + a_1 x + a_2 x^2 + \cdots + a_n x^n + \cdots.$

（1）求幂级数的收敛半径：

$$\lim_{n \to \infty} \left| \frac{a_{n+1}}{a_n} \right| = \rho, \ R = \begin{cases} \dfrac{1}{\rho}, & \rho \neq 0 \\ +\infty, & \rho = 0 \\ 0 & \rho = +\infty \end{cases}$$

例 27 求 $1 - x + \dfrac{x^2}{2^2} + \cdots + (-1)^n \dfrac{x^n}{n^2} + \cdots$ 的收敛半径.

解 $\lim_{n \to \infty} \left| \dfrac{a_{n+1}}{a_n} \right| = \rho, R = \dfrac{1}{\rho}.$

程序如下：
```
syms n
P = limit('abs((( -1)^(n+1)/(n+1)^2)/(( -1)^n/n^2)) ',n,inf)
R = 1/P
```
运行结果如下：
```
R =
    1
```
答：级数的收敛半径为 1.

（2）将函数展开为 x 的幂级数.

例 28 将 $\ln(a + x)$ 展开成 x 的幂级数.

程序如下：
```
syms a x
f = taylor('log(a+x) ',x,'order',9)
```
运行结果如下：
```
f =
    log(a)+1/a*x -1/2/a^2*x^2+1/3/a^3*x^3 -1/4/a^4*x^4+1/5/a^5*x^5
    -1/6/a^6*x^6+1/7/a^7*x^7 -1/8/a^8*x^8
```

（3）将函数展开为$(x-x_0)$的幂级数.

例 29　将$\frac{1}{x}$展开成$(x-3)$的幂级数.

程序如下：

```
syms x
f = taylor('1/x',x,3,'order',8)
```

运行结果如下：

```
f =
    2/3 -1/9*x+1/27*(x -3)^2 -1/81*(x -3)^3+1/243*(x -3)^4
    -1/729*(x -3)^5+1/2187*(x -3)^6 -1/6561*(x -3)^7
```

（4）函数幂级数展开式的应用.

例 30　求 ln2 的近似值.

程序如下：

```
syms x y
y = taylor(log(1+x),x,'order',8)
x = 1
y0 = eval(y)
```

运行结果如下：

```
y0 =
      0.759 5
```

例 31　计算定积分$\frac{2}{\sqrt{\pi}}\int_0^{\frac{1}{2}}\mathrm{e}^{-x^2}\mathrm{d}x$的近似值.

程序如下：

```
syms x y
y = taylor('exp( -x^2)',x,'order',8)
y0 = (2/sqrt(pi))*int(y,0,1/2)
```

运行结果如下：

```
y0 =
      0.520 5
```

7.8.4　将函数展开为傅里叶级数

1. 数学理论与方法

狄利克雷定理：设$f(x)$是周期为2π的周期函数，如果它满足：

（1）在一个周期内连续或只有有限个第一类间断点；

（2）在一个周期内至多只有有限个极值点；

则$f(x)$的傅里叶级数收敛，并且

当x是$f(x)$的连续点时，级数收敛于$f(x)$;

当x是$f(x)$的间断点时，级数收敛于$\frac{1}{2}[f(x-0)+f(x+0)]$.

傅里叶系数公式：

$$a_n = \frac{1}{\pi}\int_{-\pi}^{\pi} f(x)\cos nx\,\mathrm{d}x \;;\quad b_n = \frac{1}{\pi}\int_{-\pi}^{\pi} f(x)\sin nx\,\mathrm{d}x$$

2. 编辑通用程序 flyjs.m 文件，求傅里叶系数

```
function [a0, an, bn] = flyjs(f)
syms x y n
a0 = 1/pi*int(f,x, -pi,pi)
an = 1/pi*int(f*cos(n*x),x, -pi,pi)
bn = 1/pi*int(f*sin(n*x),x, -pi,pi)
end
```

例 32　求函数 $f(x) = \cos\left(\dfrac{x}{2}\right)$ 的傅里叶系数.

程序如下：

```
syms x
f = cos(x/2);
flyjs(f)
```

运行结果如下：

```
an =
    -1.2732/( -1+2*n)/(1+2*n)*cos(pi*n)

bn =
    0
```

例 33　方波的傅里叶级数的逼近. 已知 $f(x) = \begin{cases} 1, & 0 < x \leqslant \pi, \\ -1, & -\pi < x \leqslant 0, \end{cases}$ 以 2π 为周期.

程序如下：

```
f = 'sign(sin(x))'
x = -3*pi:.1:3*pi;
y1 = eval(f);
plot(x,y1, 'r')
hold on
for n = 3:2:9
    for k = 1:n
    bk = -2*((( -1)^k) -1)/(k*pi)
    s(k,: ) = bk*sin(k*x);
    end
s = sum(s);
plot(x,s)
hold on
end
```

运行结果如图 7.4 所示（红色线为原始方波函数曲线，蓝色线为展开的傅里叶级数不同项数的函数曲线）.

· 159 ·

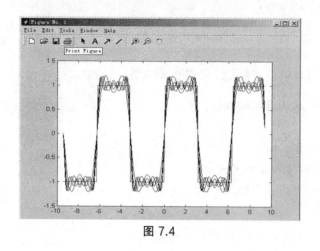

图 7.4

7.9 函数计算器

7.9.1 函数计算器简介

在工作空间键入命令：funtool，屏幕出现三个窗口，其中，图 7.5 是函数 $f(x)$ 的图形窗口，图 7.6 是函数 $g(x)$ 的图形窗口. 图 7.7 是设定函数及运算模式窗口. 其默认的函数分别为：$f = x$，$g = 1$，$a = \dfrac{1}{2}$，其中，x 的取值范围为 $-2\pi \sim 2\pi$. 该界面中的多数按钮的功能直观易懂，若按 help 按钮可获得详细的帮助. 其三个窗口如下：

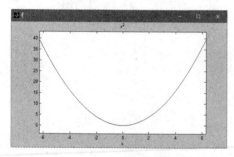

图 7.5 函数 $f(x)$ 图形窗口

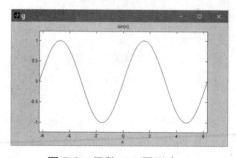

图 7.6 函数 $g(x)$ 图形窗口

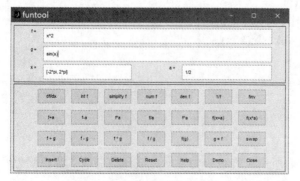

图 7.7 函数计算器主窗口

7.9.2　泰勒级数前 N 项和计算器

（1）在工作空间调用函数格式 1:

      taylortool(' ')

则出现计算器窗口（见图 7.8）.

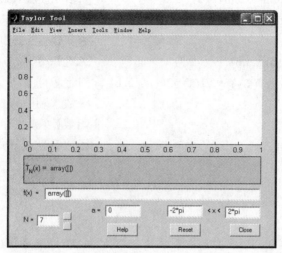

图 7.8

    可在其函数栏输入函数. 默认项数参数 $N=7$，默认展开点 $a=0$，默认自变量 x 的取值范围为 $-2\pi \sim 2\pi$.

    （2）在工作空间调用函数格式 2:

      taylortool('f ')

参数 f 指定了初始化函数.

    例如，在工作空间键入 taylortool('sin(x) ')，则出现计算器（见图 7.9）.

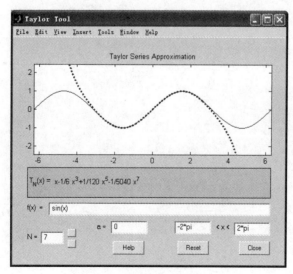

图 7.9

7.10　本章常用函数

函数调用格式	功能作用
diff(diff(z,x),y)	函数先对 x 再对 y 求二阶混合偏导数
[x,fval,exitflag] = fminsearch(f ,x0)	求多元极值 Nelder-Mead 单纯形搜索法
[x,fval,exitflag] = fminunc(f ,x0)	求多元极值 BFGS 拟牛顿法
x = fsolve('fun',x0)	求非线性方程组 fun 的零点
int(int(f,y,y1(x),y2(x)),x,a,b)	二重积分
int(int(int(f,z,z1(x,y),z2(x,y)),y,y1(x),y2(x)),x,a,b)	三重积分
symsum(f(k),1,inf)	级数求和
funtool	函数计算器
taylortool('f ')	函数泰勒展开式 N 项和

第8章 概率统计实验

8.1 古典概型

（1）古典概型的两个特征.

① 试验 E 的样本空间是有限的，$\Omega = \{\omega_1, \omega_2, \omega_3, \cdots, \omega_n\}$.

② 事件 $\omega_1, \omega_2, \omega_3, \cdots, \omega_n$ 的发生是等可能的，即 $P(\omega_1) = P(\omega_2) = \cdots = P(\omega_n)$.

（2）古典概型中事件 A 发生的概率计算公式：

$$P(A) = \frac{m}{n} = \frac{A\text{包含的样本点个数}}{\text{样本点总数}}$$

（3）排列与组合.

在计算样本点数时，常常要用到排列与组合的计算.

① 阶乘 $n!$ 的计算函数：factorial(n)

例1 求 7!.

用 factorial(7)，

得 5 040.

② 对于排列 $A_n^r = \dfrac{n!}{(n-r)!}$，可构造函数 paily(n,r).

编辑 paily.m 文件：

```
function y = paily(n,r)
y = factorial(n)/factorial(n-r)
end
```

例2 求在 15 个元素中取 6 个的排列.

程序如下：

```
n = 15;r = 6;
A = paily(n,r)
```

运行结果如下：

```
A =
    3 603 600
```

③ 对于组合 $C_n^r = \dfrac{A_n^r}{r!}$，可构造函数 zuhe(n,r).

编辑 zuhe.m 文件：

```
function y = zuhe(n,r)
```

```
        y = paily(n,r)/factorial(r)
    end
```

例 3 求在 100 个元素中取 3 个的组合.

程序如下：

```
    z = zuhe(100,3)
```

运行结果如下：

```
    z =
        161 700
```

例 4 一个盒子中装有 10 件产品，其中 7 件正品，3 件次品. 任取 3 件，求恰有 1 件是次品的概率.

解 设事件 A = "任取 3 件，求恰有 1 件是次品"，则 $P(A) = \dfrac{m}{n} = \dfrac{C_7^2 \cdot C_3^1}{C_{10}^3}$.

程序如下：

```
    p = zuhe(7,2)*zuhe(3,1)/zuhe(10,3)
```

运行结果如下：

```
    p =
        21/40
```

（4）条件概率公式：$P(A|B) = \dfrac{P(AB)}{P(B)}$.

（5）乘法公式：$P(AB) = P(B) P(A|B) = P(A) P(B|A)$.

（6）全概率公式：$P(B) = \sum\limits_{i=1}^{n} P(A_i) P(B|A_i)$.

（7）贝叶斯公式：$P(A_i|B) = \dfrac{P(A_i) P(B|A_i)}{P(B)}$.

（8）若事件 A 与事件 B 相互独立，则 $P(AB) = P(A) P(B)$.

（9）n 重贝努力试验 $b(k; n, p) = C_n^k p^k q^{n-k}$.

计算函数：binopdf(k,n,p)

例 5 某人射击命中率为 0.7，求其射击 10 次恰中 4 次的概率.

程序如下：

```
    p = binopdf(4,10,0.7)
```

运行结果如下：

```
    p =
        0.036 8
```

8.2　随机数的产生

所有分布的随机数的产生方法都始于均匀分布的随机数. 在统计工具箱中，提供了通用的随机数产生函数 random 和特定分布的随机数产生函数（以 rnd 结尾）（见表 8.1）. 计算时可以直接调用这些函数来获得所需的随机数.（分布密度函数见下节）

表 8.1　统计工具箱中的随机数产生函数及调用格式

分布类型名称	函数名称	函数调用格式
离散均匀分布	unidrnd	R = unidrnd(N,m,n)
二项分布	binornd	R = binornd(N,P,m,n)
几何分布	geornd	R = geornd(P,m,n)
超几何分布	hygernd	R = hygernd(M,K,N,m,n)
泊松分布	poissrnd	R = poissrnd(LAMBDA,m,n)
连续均匀分布	unifrnd	R = unifrnd(N,m,n)
指数分布	exprnd	R = exprnd(MU,m,n)
正态分布	normrnd	R = normrnd(MU,SIGMA,m,n)
对数正态分布	lognrnd	R = lognrnd(MU,SIGMA,m,n)
t-分布	trnd	R = trnd(V,m,n)
χ^2-分布	chi2rnd	R = chi2rnd(V,m,n)
F-分布	frnd	R = frnd(V1,V2,m,n)

8.2.1　random 函数

功能：产生可选分布的随机数.

调用格式：y = random('name',A1,A2,m,n)

说明：random 函数产生统计工具箱中任一分布的随机数. 'name'为相应的分布名称. $A1$, $A2$ 为分布参数，m, n 确定了运行结果 y 的行数与列数.

例 6　产生服从正态分布 $N(0,1)$ 的 2 行 4 列的随机数.

程序如下：

　　 y = random('Normal',0,1,2,4)

运行结果如下：

　　 y =

　　　　 -0.432 6　　 0.125 3　　 -1.146 5　　 1.189 2

　　　　 -1.665 6　　 0.287 7　　 1.190 9　　 -0.037 6

8.2.2　exprnd 函数

例 7　产生 4 行 5 列指数分布的随机数.

程序如下：

　　 R = exprnd(3,4,5)　　　　 %参数 $\lambda = 3$

运行结果如下：

　　 R =

　　　　 0.153 5　　 0.345 2　　 0.590 2　　 0.244 2　　 0.200 1

　　　　 4.394 2　　 0.815 0　　 2.431 0　　 0.910 6　　 0.260 3

　　　　 1.498 5　　 2.352 7　　 1.456 3　　 5.207 3　　 2.672 8

　　　　 2.164 7　　 11.969 4　　 0.699 8　　 2.706 4　　 0.337 3

8.3 随机变量与概率分布密度

定义 8.1 取值带有随机性的变量，叫做随机变量，常用 X 来表示.

8.3.1 离散型随机变量

离散型随机变量的分布密度可用概率分布列来描述（见表 8.2）:

表 8.2

X	x_1	x_2	$\cdots$	x_n	$\cdots$
P	p_1	p_2	$\cdots$	p_n	$\cdots$

性质：（1） $p_k \geq 0, k = 0,1,\cdots$;

（2） $\displaystyle\sum_{k=0}^{\infty} p_k = 1$.

下面介绍几个常用的离散型分布密度函数(…pdf).

（1）均匀分布列用表 8.3 来描述.

表 8.3

X	x_1	x_2	$\cdots$	x_n
P	$\dfrac{1}{n}$	$\dfrac{1}{n}$	$\cdots$	$\dfrac{1}{n}$

密度函数调用格式：Y = unidpdf(X,N)

例 8 求 X 取值为 1, 2, 3, 4, 5, 6 时服从均匀分布的概率值.

程序如下：

```
X = 1:6,N = 6;
Y = unidpdf(X,N)
```

运行结果如下：

```
X =
    1    2    3    4    5    6
Y =
   1/6  1/6  1/6  1/6  1/6  1/6
```

（2）二项分布列用表 8.4 描述.

表 8.4

X	0	1	2	$\cdots$	k	$\cdots$	n
P	q^n	pq^{n-1}	$C_n^2 p^2 q^{n-2}$	$\cdots$	$C_n^k p^k q^{n-k}$	$\cdots$	p^n

密度函数调用格式：Y = binopdf(X,N,P)

例 9 求 X 取值为 0, 1, 2, 3, 4, 5, 6 时服从二项分布 $b(X;12,0.4)$ 的概率值.

程序如下：

    X = 0:6,N = 12;P = 0.4;

    Y = binopdf(X,N,P)

运行结果如下：

    X =

     0 1 2 3 4 5 6

    Y =

     0.002 2   0.017 4   0.063 9   0.141 9   0.212 8   0.227 0   0.176 6

（3）泊松分布列用表 8.5 描述.

表 8.5

X	0	1	$\cdots$	k	$\cdots$
P	$e^{-\lambda}$	$\lambda e^{-\lambda}$	$\cdots$	$\dfrac{\lambda^k}{k!}e^{-\lambda}$	$\cdots$

密度函数调用格式：Y = poisspdf(X,LAMBDA)s

例 10 求 X 取值为 0, 1, 2, 3, 4, 5, 6，$\lambda = 2$ 时服从泊松分布的概率值.

程序如下：

    X = 0:6;

    Y = poisspdf(X,2)

运行结果如下：

    Y =

     0.135 3   0.270 7   0.270 7   0.180 4   0.090 2   0.036 1   0.012 0

（4）几何分布列 $(q = 1-p)$ 用表 6.6 来描述.

表 8.6

X	1	2	3	$\cdots$	k	$\cdots$
P	p	pq	pq^2	$\cdots$	pq^{k-1}	$\cdots$

密度函数调用格式：Y = geopdf(X,P)

例 11 求 X 取值为 0, 1, 2, 3, 4, 5, 6，$p = 0.2$ 时服从几何分布的概率值.

程序如下：

    X = 0:6;p = 0.2;

    Y = geopdf(X,p)

运行结果如下：

    Y =

     0.200 0   0.160 0   0.128 0   0.102 4   0.081 9   0.065 5   0.052 4

（5）超几何分布列用表 8.7 来描述.

表 8.7

X	0	1	$\cdots$	i	$\cdots$
P	$\dfrac{C_K^0 C_{M-K}^N}{C_M^N}$	$\dfrac{C_K^1 C_{M-K}^{N-1}}{C_M^N}$	$\cdots$	$\dfrac{C_K^i C_{M-K}^{N-i}}{C_M^N}$	$\cdots$

密度函数调用格式：Y = hygepdf(X,M,K,N)

例 12 求 X 取值为 0, 1, 2, 3, 4, 5, 6，$M = 100$, $K = 20$, $N = 9$ 时服从超几何分布的概率值.
程序如下：

    X = 0:6; M = 100; K = 20;N = 9;

    Y = hygepdf(X,100,20,9)

运行结果如下：

    Y =

    0.121 9   0.304 8   0.317 3   0.180 1   0.061 2   0.012 9   0.001 7

8.3.2 连续型随机变量

连续型随机变量的分布密度函数用 $f(x)$ 来描述.

性质：（1）$f(x) \geqslant 0$.

（2）$\displaystyle\int_{-\infty}^{\infty} f(x)\mathrm{d}x = 1$.

（3）$P\{x_1 < X \leqslant x_2\} = \displaystyle\int_{x_1}^{x_2} f(x)\mathrm{d}x$.

下面介绍几个常用的连续型分布密度函数($\cdots$pdf).

（1）均匀分布密度函数：

$$f(x) = \begin{cases} \dfrac{1}{b-a}, & a \leqslant x \leqslant b \\ 0, & \text{其他} \end{cases}$$

密度函数调用格式：

    Y = unifpdf(X,A,B)   % A<B

（2）指数分布密度函数：

$$f(x) = \begin{cases} \lambda \mathrm{e}^{-\lambda x}, & x > 0 \\ 0, & x \leqslant 0 \end{cases}$$

密度函数调用格式：

    Y = exppdf(X,MU)   %参数 MU = 1/λ 为正整数

（3）正态分布密度函数：

$$f(x) = \frac{1}{\sqrt{2\pi}\sigma}\, \mathrm{e}^{-\frac{(x-\mu)^2}{2\sigma^2}}, \quad -\infty < x < \infty$$

密度函数调用格式：

    Y = normpdf(X,MU,SIGMA)   %参数 SIGMA 为正数

8.4 随机变量与概率分布函数

8.4.1 分布函数

随机变量 X 的分布函数 $F(x)$ 表示某事件的概率 $P\{X \leqslant x\}$.

性质：（1）$0 \leqslant F(x) \leqslant 1$.

（2）$F(-\infty) = 0,\ \ F(+\infty) = 1$.

（3）$F(x_2) - F(x_1) = P\{x_1 < X \leqslant x_2\}$.

下面介绍几种典型的分布函数.

（1）离散型典型分布函数.

$$F(x) = \sum_{i=0}^{k} p_i，其中 x_k 是 \leqslant x 的随机变量的最大值.$$

（2）连续型典型分布函数.

$$F(x) = \int_{-\infty}^{x} f(x)\mathrm{d}x.$$

（3）累积分布函数(…cdf).

在统计工具箱中，分布函数亦称为累积分布函数，它用于计算某种分布的累积分布函数值，即表示事件的概率 $P\{X \leqslant x\}$（见表 8.8）.

表 8.8　累积分布函数表(cdf)

分布类型名称	函数名称	函数调用格式
离散均匀分布	unidcdf	Y = unidcdf(X,N)
二项分布	binocdf	Y = binocdf(X,N,P)
泊松分布	poisscdf	Y = poisscdf(X,LAMBDA)
几何分布	geocdf	Y = geocdf(X,P)
超几何分布	hygecdf	Y = htgecdf(X,M,K,N)
连续均匀分布	unifcdf	Y = unifcdf(X,A,B)
指数分布	expcdf	Y = expcdf(X,MU)
正态分布	Normcdf	Y = normcdf(X,MU,SIGMA)

8.4.2 累积分布函数应用举例

例 13　已知到公园门口的每辆汽车的载人数服从 $\lambda = 10$ 的泊松分布,现观察任意一辆到达公园门口的汽车,求其超过 5 人的概率.

程序如下：

```
p = 1- poisscdf(5,10)
```

运行结果如下：

p =

    0.932 9

例 14 已知某保险公司发现索赔要求中有 25%是因被盗而提出的. 某年该公司收到 10 个索赔要求，试求其中包含不多于 4 个被盗索赔的概率.

解 记 X 为 10 个索赔中所包含的被盗索赔的个数，易知 X 服从二项分布 $b(10, 0.25)$，所求概率为 $P\{X \leqslant 4\}$.

程序如下：

p = binocdf(4,10,0.25)

运行结果如下：

p =

    0.921 9

例 15 已知某种晶体管寿命服从参数 λ 为 0.001 的指数分布（单位：h）. 电子仪器装有此种晶体管 5 个，并且每个晶体管损坏与否相互独立. 试求此仪器在 1000 h 内恰好有两个晶体管损坏的概率.

解 设 X_i ＝"第 i 只电子管的寿命"（$i = 1,2,3,4,5$），由题设知，X_i 服从参数为 0.001 的指数分布，可先算出 $p_0 = P\{X \leqslant 1000\}$；再设 $X =$ "5 只晶体管中寿命小于 1000 h 的只数"，X 服从 $b(5, p_0)$，问题为求 $P\{X = 2\}$.

程序如下：

p0 = expcdf(1000,1000)   % MU = 1/λ

P = binopdf(2,5,p0)

运行结果如下：

p0 =

    0.632 1

P =

    0.198 9

例 16 已知电源电压在不超过 200 V、(200～240) V 和超过 240 V 这三种情况下，元件损坏的概率分别为 0.1, 0.001 和 0.2，设电源电压 X 服从正态分布 $N(220,25^2)$，求

（1）元件损坏的概率 p；

（2）元件损坏时，电压在(200～240) V 的概率 p_0.

解 设 $p_1 = P\{X \leqslant 200\}$，$p_2 = P\{200 < X \leqslant 240\}$，$p_3 = P\{X \geqslant 240\}$，由全概率公式得

$$p = p_1 \times 0.1 + p_2 \times 0.001 + p_3 \times 0.2$$

由贝叶斯公式可得

$$p_0 = p_2 \times 0.001 / p$$

程序如下：

p1 = normcdf(200,220,25)

p2 = normcdf(240,220,25)-normcdf(200,220,25)

p3 = 1-normcdf(240,220,25)

p = p1*0.1+p2*0.001+p3*0.2

```
p0 = p2*0.001/p
```
运行结果如下：

```
p1 =
    0.211 9
p2 =
    0.576 3
p3 =
    0.211 9
p =
    0.064 1
p0 =
    0.009 0
```

8.5 随机变量的数字特征

8.5.1 数学期望

定义 8.2 随机变量 X 的数学期望记作 EX.

（1）若 X 是离散型随机变量，数学期望的计算公式为

$$EX = \sum_{i=0}^{\infty} x_i p_i$$

程序如下：

```
EX = symsum(xᵢ*pᵢ,0,inf)          % xᵢ 与 pᵢ 分别是下标的函数
```

或

```
X = [x₁,x₂,…,xₙ]; P = [p₁,p₂,…,pₙ];
EX = X*P'
```

例 17 已知随机变量 X 的概率分布列用表 8.9 描述，求数学期望 EX.

表 8.9

X	-1	0	1	2	3	4
P	$\dfrac{1}{2}$	$\dfrac{1}{6}$	$\dfrac{1}{12}$	$\dfrac{1}{3}$	$\dfrac{1}{6}$	$\dfrac{1}{6}$

程序如下：

```
X = [-1 0 1 2 3 4]; P = [1/2 1/6 1/12 1/3 1/6 1/6];
EX = X*P'
```
运行结果如下：

EX =

    1.416 7

（2）若 X 是连续型的随机变量，数学期望的计算公式为

$$EX = \int_{-\infty}^{\infty} xf(x)\mathrm{d}x$$

程序如下：

```
EX = int(x*f(x),-inf,inf)
```

例 18　已知分布密度函数 $f(x)$，求随机变量 X 的数学期望 EX.

$$f(x) = \begin{cases} \dfrac{6x}{a^3}(a-x), & 0 < x < a \\ 0, & 其他 \end{cases}$$

程序如下：

```
syms x a
EX = int(6*x^2/a^3*(a-x),x,0,a)
```

运行结果如下：

EX =

    1/2*a

8.5.2　方　差

定义 8.3　随机变量 X 的方差记作 DX. 方差的计算公式为：

$$DX = E(X-EX)^2 = EX^2-(EX)^2$$

例 19　求例 17 中随机变量 X 的方差 DX.

程序如下：

```
X = [-1 0 1 2 3 4]; P = [1/2 1/6 1/12 1/3 1/6 1/6];
EX = X*P';
DX = X.^2*P'-EX^2
```

运行结果如下：

DX =

    4.076 4

例 20　求例 18 中随机变量 X 的方差 DX.

程序如下：

```
syms x a
EX = int(6*x^2/a^3*(a-x),x,0,a)
DX = int(6*x^3/a^3*(a-x),x,0,a)-(EX)^2
```

运行结果如下：

DX =

    1/20*a^2

8.5.3　常见分布的期望与方差函数（见表 8.10）

表 8.10

分布类型名称	函数名称	函数调用格式
离散均匀分布	unidstat	[E,D] = unidstat(N)
二项分布	binostat	[E,D] = binostat(N,P)
几何分布	geostat	[E,D] = geostat(P)
超几何分布	hygestat	[E,D] = hygestat(M,K,N)
泊松分布	poissstat	[E,D] = poissstat(LAMBDA)
连续均匀分布	unifstat	[E,D] = unifstat(N)
指数分布	expstat	[E,D] = expstat(MU)
正态分布	normstat	[E,D] = normstat(MU,SIGMA)
对数正态分布	lognstat	[E,D] = lognstat(MU,SIGMA)
t-分布	tstat	[E,D] = tstat(V)
χ^2-分布	chi2stat	[E,D] = chi2stat(V)
F-分布	fstat	[E,D] = fstat(V1,V2)

例 21　求二项分布中参数 $n = 100$，$p = 0.2$ 的期望与方差.
程序如下：

　　n = 100, p = 0.2

　　[E,D] = binostat(n,p)

运行结果如下：

　　E =

　　　20

　　D =

　　　16

例 22　求正态分布中参数 MU = 6，SIGMA = 0.25 的期望与方差.
程序如下：

　　MU = 6，SIGMA = 0.25

　　[E,D] = normstat(n,p)

运行结果如下：

　　E =

　　　6

　　D =

　　　0.062 5

8.6 二维随机向量及其分布函数

定义 8.4 设(X, Y)是二维随机向量，对于任意实数x, y，二维函数

$$F(x,y) = P\{X \leqslant x, Y \leqslant y\}$$

称为二维随机向量(X, Y)的分布函数.

8.6.1 离散型随机变量(X, Y)的联合分布表（见表 8.11）

表 8.11

X＼Y	y_1	y_2	y_3	...	y_n	$P_X(x_j)$
x_1	p_{11}	p_{12}	p_{13}	...	p_{1n}	$P_{1.}$
x_2	p_{21}	p_{22}	p_{23}		p_{2n}	$P_{2.}$
x_3	p_{31}	p_{32}	p_{33}	...	p_{3n}	$P_{3.}$
$\vdots$	$\vdots$	$\vdots$	$\vdots$		$\vdots$	$\vdots$
x_n	p_{n1}	p_{n2}	p_{n3}	...	p_{nn}	$P_{n.}$
$P_Y(y_i)$	$P_{.1}$	$P_{.2}$	$P_{.3}$	...	$P_{.n}$	

其中p_{ij}应具有下列性质：

（1）$p_{ij} \geqslant 0$ $(i, j = 1,2,\cdots)$；

（2）$\sum_i \sum_j p_{ij} = 1$.

关于X的边际概率分布 $P_X(x_j) = \sum_i p_{ij}$；关于Y的边际概率分布 $P_Y(y_i) = \sum_j p_{ij}$.

8.6.2 二维连续型随机向量(X, Y)的联合密度函数

二维连续型随机向量(X, Y)的联合密度函数$f(x, y)$，其分布函数为

$$F(x,y) = \int_{-\infty}^{y} \int_{-\infty}^{x} p(u,v)\mathrm{d}u\mathrm{d}v$$

关于X的边际概率分布密度为

$$P_X(x) = \int_{-\infty}^{\infty} f(x,y)\mathrm{d}y$$

关于Y的边际概率分布密度为

$$P_Y(y) = \int_{-\infty}^{\infty} f(x,y)\mathrm{d}x$$

8.7 统计中的样本数字特征

8.7.1 位置特征

统计观测值有一种集中的趋势，即在某个数值附近的频数比较大，而在远离该值的地方频数比较小，这种趋势集中的数值称为统计观测值的位置特征.

（1）均值：若有某样本观测值：$x_1, x_2, \cdots, x_n$，则其均值为

$$\bar{X} = \frac{1}{n} \sum_{i=1}^{n} x_i$$

调用格式：M = mean(X)

说明：若 X 为向量，返回运行结果 M 是 X 中元素的均值；若 X 为矩阵，返回运行结果 M 是行向量，它包含 X 的每列数据的均值.

例 23 随机生成 4 组 100 个整数数据，求每组数据的平均值.

程序如下：

```
X = fix(20*rand(100,4));
M = mean(X)
```

运行结果如下：

```
M =
    9.440 0    9.760 0    8.990 0    10.180 0
```

（2）中位数：把样本观测值 $x_1, x_2, \cdots, x_n$，按从小到大的次序排列，最中间的数称为这组观测值的中位数.

$$M_d = \begin{cases} x^*_{\frac{n+1}{2}}, & \text{若} n \text{为奇数} \\ \frac{1}{2}\left(x^*_{\frac{n}{2}} + x^*_{\frac{n}{2}+1} \right), & \text{若} n \text{为偶数} \end{cases}$$

调用格式：M = median(X)

说明：若 X 为向量，返回运行结果 M 是 X 中元素的中位数；若 X 为矩阵，返回运行结果 M 是行向量，它包含 X 的每列数据的中位数.

例 24 随机生成 5 组 99 个整数数据，求每组数据的中位数.

程序如下：

```
X = fix(30*rand(99,5));
M = median(X)
```

运行结果如下：

```
M =
    14    17    14    15    15
```

（3）几何平均数：$M = \left[\prod_{i=1}^{n} x_i \right]^{\frac{1}{n}}$.

调用格式：M = geomean(X)

说明：若 X 为向量，返回运行结果 M 是 X 中元素的几何平均数；若 X 为矩阵，返回运行结果 M 是行向量，它包含 X 的每列数据的几何平均数.

例 25 随机生成服从指数分布，参数为 1 的 6 组 10 个数据，求每组数据的几何平均数.

程序如下：

```
X = exprnd(1,10,6);
M = geomean(X)
```

运行结果如下：

```
M =
        0.676 2     0.532 9     0.435 8     0.661 9     0.706 2     0.698 4
```

（4）调和平均数：$M = \dfrac{n}{\displaystyle\sum_{i=1}^{n} \dfrac{1}{x_i}}$.

调用格式：M = harmmean(X)

说明：若 X 为向量，返回运行结果 M 是 X 中元素的调和平均数；若 X 为矩阵，返回运行结果 M 是行向量，它包含 X 的每列数据的调和平均数.

例 26 随机生成服从指数分布，参数为 1 的 6 组 10 个数据，求每组数据的调和平均数.

程序如下：

```
X = exprnd(1,10,6);
M = harmmean(X)
```

运行结果如下：

```
M =
        0.415 1     0.195 5     0.108 0     0.168 3     0.410 4     0.623 8
```

（5）修正样本均值：剔除极端数据的样本均值.

调用格式：M = trimmean(X,percent)

说明：M = trimmean(X,percent)用于计算剔除(percent/2)%的最大值和(percent/2)%的最小值的样本均值. 如果数据中存在野值，则修正样本均值是数据中心较合适的估计. 如果数据全部来自同一概率分布，则修正样本均值在估计数据的中心时不如样本均值有效.

例 27 随机生成服从指数分布，参数为 1 的 10 个数据，求每组数据的修正平均值.

程序如下：

```
X = exprnd(1,100,1);
M = trimmean(X,10)
```

运行结果如下：

```
M =
        0.914 4
```

8.7.2 变异特征

（1）极差.

样本观测值的最大值与最小值之差.

调用格式：M = range(X)

说明：若 X 为向量，返回运行结果 M 是 X 中元素的极差；若 X 为矩阵，返回运行结果 M 是行向量，它包含 X 的每列数据的极差.

例 28　随机生成服从正态分布 $N(0,1)$ 的 6 组 10 个数据，求每组数据的极差.

程序如下：

```
X = normrnd(0,1,10,6);
M = range(X)
```

运行结果如下：

```
M =
      2.636 5    1.704 0    3.471 0    3.773 8    2.790 6    3.400 2
```

（2）方差：$S^2 = \dfrac{1}{n-1}\sum\limits_{i=1}^{n}(x_i - \bar{X})^2$.

调用格式：M = var(X)

说明：若 X 为向量，返回运行结果 M 是 X 中元素的方差；若 X 为矩阵，返回运行结果 M 是行向量，它包含 X 的每列数据的方差.

例 29　随机生成服从正态分布 $N(0,1)$ 的 100 个数据，求这组数据的方差.

程序如下：

```
X = normrnd(0,1,100,1);
M = var(X)
```

运行结果如下：

```
M =
      0.956 0
```

（3）标准差：$S = \sqrt{S^2}$.

调用格式：M = std(X)

说明：若 X 为向量，返回运行结果 M 是 X 中元素的标准差；若 X 为矩阵，返回运行结果 M 是行向量，它包含 X 的每列数据的标准差.

例 30　随机生成服从指数分布，参数为 2 的 5 组 20 个数据，求每组数据的标准差.

程序如下：

```
X = exprnd(2,20,5);
M = std(X)
```

运行结果如下：

```
M =
      3.527 6    2.005 7    2.713 1    3.663 5    1.883 7
```

（4）平均绝对偏差：$MD = \dfrac{1}{n}\sum\limits_{i=1}^{n}\left|x_i - \bar{X}\right|$.

调用格式：M = mad(X)

说明：若 X 为向量，返回运行结果 M 是 X 中元素的平均绝对偏差；若 X 为矩阵，返回运行结果 M 是行向量，它包含 X 的每列数据的平均绝对偏差.

例 31　随机生成服从正态分布 $N(0,1)$ 的 5 组 40 个数据，求每组数据的平均绝对偏差.

程序如下：

```
X = normrnd(0,1,40,5);
M = mad(X)
```

运行结果如下：

```
M =
    0.730 5    0.567 1    0.874 8    0.723 2    0.832 5
```

8.7.3　其他数字特征

（1）协方差矩阵 cov( ).

调用格式：C = cov(X)

　　　　　　C = cov(X,Y)

说明：$C = \text{cov}(X)$中，若 X 为向量，cov(X)返回一个包含方差的标量；若 X 为矩阵，其行是观测值，而列是变量，cov(X)返回一个协方差矩阵.

$C = \text{cov}(X, Y)$，其中 X, Y 是长度相等的向量，返回运行结果为矩阵.

例 32　产生参数不同的服从正态分布的两组随机向量 X, Y，求其协方差.

程序如下：

```
X = random('norm',0,1,1,6)
Y = random('norm',1,0.1,1,6)
C = cov(X,Y)
```

运行结果如下：

```
C =
    0.262 7    0.026 4
    0.026 4    0.010 7
```

（2）相关系数 corrcoef( ).

调用格式：R = corrcoef(X)

说明：R = corrcoef(X)返回一个相关系数矩阵，输入矩阵 X 的行元素是观测值，列元素是变量. 矩阵 R 的元素 $R(i,j)$ 与对应的协方差矩阵 $C = \text{cov}(X)$ 的对应元素之间的关系为

$$R(i, j) = \frac{C(i, j)}{\sqrt{C(i,i)\,C(j,j)}}$$

例 33　随机生成正态分布随机矩阵 X，求相关系数矩阵 R.

程序如下：

```
X = randn(6)
R = corrcoef(X)
```

运行结果如下：

```
X =
   -0.588 3   -0.095 6   -0.691 8   -0.399 9    1.190 8   -1.056 5
    2.183 2   -0.832 3    0.858 0    0.690 0   -1.202 5    1.415 1
   -0.136 4    0.294 4    1.254 0    0.815 6   -0.019 8   -0.805 1
```

0.113 9	-1.336 2	-1.593 7	0.711 9	-0.156 7	0.528 7
1.066 8	0.714 3	-1.441 0	1.290 2	-1.604 1	0.219 3
0.059 3	1.623 6	0.571 1	0.668 6	0.257 3	-0.921 9

R =

1.000 0	-0.234 5	0.144 4	0.510 9	-0.851 7	0.872 2
-0.234 5	1.000 0	0.276 4	0.178 2	0.084 4	-0.630 1
0.144 4	0.276 4	1.000 0	-0.018 7	0.090 1	-0.141 3
0.510 9	0.178 2	-0.018 7	1.000 0	-0.840 2	0.428 4
-0.851 7	0.084 4	0.090 1	-0.840 2	1.000 0	-0.753 9
0.872 2	-0.630 1	-0.141 3	0.428 4	-0.753 9	1.000 0

8.8 参数估计

1. 点估计

点估计就是用样本值来估计其分布密度函数中的未知参数的估计值. 点估计法中有矩估计法和最大似然估计法.

2. 区间估计

区间估计就是根据样本值来估计其分布密度函数中的未知参数的估计范围，并使不可知参数在区间内具有指定的概率 $1-\alpha$（称其为置信度），如表 8.12 所示.

表 8.12 返回典型分布函数中参数的点估计和区间估计函数表

分布类型名称	函数名	函数调用格式
二项分布	binofit	[phat,pci] = binofit(x,n,alpha)
泊松分布	poissfit	[phat,pci] = poissfit(x,alpha)
均匀分布	unifit	[phat,pci] = unifitx(x,alpha)
指数分布	expfit	[phat,pci] = expfit(x,alpha)
正态分布	normfit	[muhat,sigmahat,muci,sigmaci] = normfit(x,alpha)
最大似然估计	mle	[phat,pci] = mle('dist',data,alpha,p1)

说明：phat 为返回点估计值；pci 为返回置信区间；alpha 为置信度，缺省值为 95%；'dist' 为函数名；data 为数据样本.

例 34 随机生成 100 个元素的二项分布样本，其中任意给定一次实验成功的概率为 0.4，再由样本来估计概率参数 p 的点估计值和区间估计.

程序如下：

```
X = binornd(100,0.4);
[phat,pci] = binofit(X,100)
```

运行结果如下：

phat =

    0.350 0

pci =

    0.257 3   0.451 8

例 35　随机生成 100 个正态数据，其中给定参数 $\mu = 8, \sigma = 3$，再由样本来估计概率参数 μ 与 σ 的点估计值和区间估计.

程序如下：

X = normrnd(8,3,100,1)

[mu,sigma,muci,sigmaci] = normfit(X)

运行结果如下：

mu =

    7.727 4

sigma =

    2.568 6

muci =

    7.217 7

    8.237 1

sigmaci =

    2.255 3

    2.983 9

8.9　假设检验

在许多实际问题中，只能先对总体的分布函数形式中的某些参数做出某些可能的假设，然后根据所得的样本数据，对假设的正确性做出判断，这就是所谓的假设检验问题.

8.9.1　假设检验的步骤

（1）提出统计假设：零假设 H_0 和备择假设 H_1；

（2）选取样本统计量；

（3）规定显著性水平 α；

（4）在显著性水平 α 下，算出统计量服从分布的临界值，确定假设参数的拒绝域.

8.9.2　单个总体的假设检验

（1）总体 X 服从方差已知的正态分布 $N(\mu, \sigma^2)$，零假设 H_0：$\mu = \mu_0$，做 Z 检验，假设检验函数 ztest.

调用格式：H = ztest(X,mu,sigma)

                H = ztest(X,mu,sigma,alpha)

$$[H,sig,ci] = ztest(X,m,sigma,alpha,tail)$$

说明：① H = ztest(X,mu,sigma)是在默认的 0.05 显著性水平下检验正态分布总体的样本 X 是否具有 $\mu = \mu_0$，若值 $H = 0$ 则接受零假设 H_0；若值 $H = 1$ 则拒绝零假设 H_0.

② H = ztest(X,mu,sigma,alpha)是在给定的 alpha 显著性水平下做假设检验.

③ [H,sig,ci] = ztest(X,m,sigma,alpha,tail)提供了由 tail 标记的不同对立假设情形的 Z 检验：

tail = 0(缺省) —— $\mu \neq \mu_0$；

tail = 1 —— $\mu > \mu_0$；

tail = -1 —— $\mu < \mu_0$.

sig 与统计量有关，是在假设下统计量的观测值较大的概率；

ci 为均值的 $1-\alpha$ 置信区间.

例 36 某厂生产的零件，在正常情况下，其直径（单位：mm）服从正态分布 $N(20,1)$. 在某天的生产过程中抽查了 8 个，测得直径分别为

$$19, 19.5, 19, 20, 20.5, 20.3, 19.7, 19.6$$

问生产情况是否正常？

程序如下：

```
X = [19 19.5 19 20 20.5 20.3 19.7 19.6]
H = ztest(X,20,1)
```

运行结果如下：

```
H =
    0
```

故接受假设，即认为生产情况正常.

（2）总体 X 服从方差未知的正态分布 $N(\mu, \sigma^2)$，零假设 H_0：$\mu = \mu_0$，做 T 检验，假设检验函数 ttest.

调用格式：H = ttest(X,mu)

H = ttest(X,mu,alpha)

H = ttest(X,mu,alpha,tail)

说明：与 ztest 相同.

例 37 化肥厂用自动打包机打包，其包重服从正态分布，每包标准重量为 100 kg. 要检验打包机的工作是否正常，开工后测得 10 包重量（单位：kg）如下：

$$100.2, 108.5, 98.0, 100.6, 107.1, 96.5, 109.6, 109.7, 112.1, 100.6$$

试问该日打包机的工作是否正常？

程序如下：

```
X = [100.2 108.5 98.0 100.6 107.1 96.5 109.6 109.7 112.1 100.6];
H = ttest(X,100)
```

运行结果如下：

```
H =
    1
```

拒绝零假设，即该日打包机的工作不正常.

（3）零假设 H_0：总体 X 服从期望、方差均未知的正态分布 $N(\mu, \sigma^2)$；备择假设 H_1：总体

X 不具有正态分布. 做 Jarque-Bera 检验.

调用格式：H = jbtest(X)

H = jbtest(X, alpha)

[H,P,JBSTAT,CV] = jbtest(X,alpha)

说明：[H,P,JBSTAT,CV] = jbtest(X,alpha)返回三个附加的输出，其中，P 为检验的 P-值，JBSTAT 为检验统计量的值，CV 是判断是否拒绝假设的关键值.

例 38 用函数 randn( )随机生成 100 个数据，检验其是否服从正态分布. 再用函数 rand( )随机生成 100 个数据，检验其是否服从正态分布.

程序如下：

X1 = randn(100,1);

H1 = jbtest(X1)

X2 = rand(100,1);

H2 = jbtest(X2)

运行结果如下：

H1 =

0

H2 =

1

即前组数据服从正态分布，后组数据不服从正态分布.

（4）零假设 H_0：总体 X 服从标准正态分布 $N(0,1)$；备择假设 H_1：总体 X 不具有标准正态分布. 做 Kolmogorov-Smirnov 检验.

调用格式：H = kstest(X)

例 39 用函数 randn( )随机生成 100 个数据，检验其是否服从标准正态分布. 再用函数 rand( )随机生成 100 个数据，又用 normrnd( )随机生成 100 个数据，检验各组数据是否服从标准正态分布.

程序如下：

X1 = randn(100,1);

H1 = kstest(X1)

X2 = rand(100,1);

H2 = kstest(X2)

X3 = normrnd(2,0.1,100,1);

H3 = kstest(X2)

运行结果如下：

H1 =

0

H2 =

1

H3 =

1

即前组数据服从标准正态分布，后两组数据均不服从标准正态分布.

（5）零假设 H_0：总体 X 服从期望、方差未知的正态分布 $N(\mu, \sigma^2)$；备择假设 H_1：总体 X 不具有正态分布. 做 lillietest 检验.

调用格式：H = lillietest(X)

说明： 这种检验把 X 的经验分布和 X 具有相同均值和方差的正态分布进行比较，它类似于 Kolmogorov-Smirnov 检验，但其正态分布的参数值是由 X 估计而来而不是预告指定的.

例 40 用函数 randn( )随机生成 100 个数据，检验其是否服从正态分布. 再用函数 rand( ) 随机生成 100 个数据；又用 normrnd( )随机生成 100 个数据，检验各组数据是否服从正态分布.

程序如下：

```
X1 = randn(100,1);
H1 = lillietest(X1)
X2 = rand(100,1);
H2 = lillietest(X2)
X3 = normrnd(2,0.1,100,1);
H3 = lillietest(X3)
```

运行结果如下：

```
H1 =
     0
H2 =
     1
H3 =
     0
```

即前后两组数据均服从正态分布，中间组数据均不服从正态分布.

8.9.3 两个总体的假设检验

（1）两个总体 X, Y 服从方差未知的正态分布 $N(\mu_1, \sigma^2)$ 和 $N(\mu_2, \sigma^2)$. 零假设 H_0：$\mu_1 = \mu_2$，做 T 检验，假设检验函数 ttest2(X, Y).

调用格式：[H,significance,ci] = ttest2(X,Y)

[H,significance,ci] = ttest2(X,Y,alpha)

[H,significance,ci] = ttest2(X,Y,alpha,tail)

说明： [H,significance,ci] = ttest2(x,y)是在默认的 0.05 显著性水平下，检验两个正态分布总体的样本 X, Y 是否具有 $\mu_1 = \mu_2$，若值 $H = 0$，则接受零假设 H_0；若值 $H = 1$，则拒绝零假设 H_0.

significance 是与 T 统计量相联系的概率 p-值：

$$T = \frac{\bar{X} - \bar{Y}}{S\sqrt{\dfrac{1}{n} + \dfrac{1}{m}}}$$

其中 S 为合并的样本标准偏差；n 和 m 为样本 X 和 Y 中的观察值数量；significance 为 T 的观察值在 X 的均值等于 Y 的均值的零假设下较大或统计意义下的概率值.

ci 是均值真实差的置信度为 95%的置信区间.

alpha 是显著水平的控制参数.

tail 是备择假设类型的控制参数.

例 41 用函数 normrnd( )产生两组均值理论值不同的 100 个随机数. 再用 ttestw 来假设检验两个均值是否相同.

程序如下：

```
X = normrnd(0,1,100,1);
Y = normrnd(0.2,1,100,1);
[H,significance,ci] = ttest2(X,Y)
```

运行结果如下：

```
H =
     0
significance =
            0.135 7
ci =
     -0.488 9     0.066 8
```

$H = 1$ 表明应接受零假设, significance = 0.1357 表明检验 T 值大于 1 的概率为 0.135 7. 置信度为 95%的均值置信区间为[–0.488 9 ,0.066 8]，其包含了理论的均值零.

（2）双样本同分布的 Kolmogorov-Smirnov 检验. 零假设 H_0: X 与 Y 具有相同的连续分布；备择假设 H_1: X 与 Y 具有不同的连续分布. 假设检验函数 kstest2(X, Y).

调用格式：H = kstest2(X,Y)

　　　　　　H = kstest2(X,Y,alpha)

　　　　　　[H,P ,KSSTAT] = kstest2(X,Y,alpha,tail)

说明：H = kstest2(x,y)是在默认的 0.05 显著性水平下，检验两个总体的样本 X, Y 具有相同的连续分布，若值 $H = 0$，则接受零假设 H_0；若值 $H = 1$，则拒绝零假设 H_0.

例 42 比较等间隔数的小样本和服从正态分布的大样本.

程序如下：

```
X = -1:5;
Y = randn(20,1);
[H,p,k] = kstest2(X,Y)
```

运行结果如下：

```
H =
     1
p =
     0.040 3
k =
     0.571 4
```

即两者之间的差别在 5%的显著性水平时概率为 0.0403.

（3）双样本同分布的 wilcoxon 秩和检验. 零假设 H_0: X 与 Y 的总体是同分布的；备择假

设 H_1：X 与 Y 的总体不是同分布. 假设检验函数 ranksum(X, Y).

调用格式：[P,H] = ranksum(X,Y,alpha)

[H,P ,stats] = ranksum(X,Y,alpha)

说明：[P,H] = ranksum(X, Y, alpha)中 P 为返回假设检验的显著水平时的概率，$H = 0$ 是在给定参数 alpha 显著性水平下，两个总体的样本 X，Y 的分布不是显著不同的，若值 $H = 1$ 则拒绝零假设 H_0，认为两者有显著不同.

[H,P ,stats] = ranksum(X,Y,alpha)还返回一个包含域 stats.ranksum 的结构，stats.ranksum 的值等于秩和统计量. 对于大样本，还返回域 stats.zval，stats.zval 用来计算 P 的 Z 统计量的值.

例 43   随机生成二项分布的两组样本数据，检验其样本均值是否相同.

程序如下：

```
X = binornd(100,0.6,10,1);
Y = binornd(100,0.6,10,1);
[P,H] = ranksum(X,Y,0.05)
```

运行结果如下：

```
P =
    0.380 0
H =
    0
```

8.10   方差分析与回归分析

8.10.1   方差分析

实际问题中，为了对某一试验结果得到比较准确的结论，常常对同一因素在同一试验条件下重复试验或改变试验条件进行试验，然而得到的数据往往是不同的. 那么数据之间的差异是由随机误差引起的，还是由条件误差引起的呢？方差分析就是把改变试验条件所引起的数据差异与由试验误差所引起的数据差异区分开来的一种分析数据的方法.

1. 单因素方差分析

一项试验有多个影响因素，如果只有一个在发生变化，则称之为单因素方差分析. 单因素方差分析的基本问题：假设某一试验有 S 个不同条件，则在每个条件下进行试验，可得到 S 个总体，分别记作 X_1, X_2, $\cdots$, X_n，各总体的平均数表示为 μ_1, μ_2, $\cdots$, μ_n，各总体的方差表示为 σ_1^2, σ_2^2, $\cdots$, σ_n^2. 现在在这 S 个总体均服从正态分布且方差相等的情况下检验各总体的平均数是否相等，即检验假设 H_0：$\mu_1 = \mu_2 = \cdots = \mu_n$. 当假设成立时，认为该因素对试验结果没有显著影响.

观察值与总平均值之差的平方和称为离差平方和. 进行单因子方差分析时，离差平方和被分解为组间平方和 SS（也称条件误差，记为 SS_A）和组内平方和（也称试验误差，记为 SS_E）. 总自由度 $df(= n{-}1)$被分解为组间自由度 $df_A(= s{-}1)$和组内自由度 $df_E(= n{-}s)$

当零假设成立时，统计量

$$F = \frac{MS_A}{MS_E} = \frac{SS_A / df_A}{SS_E / df_E}$$

服从第一自由度为组间自由度、第二自由度为组内自由度的 F 分布. 上式中 MS_A 称为组间均方，MS_E 称为组内均方. 一般地，有 $F \approx 1$. 但如果得到的 F 值比 1 大得多，即条件误差比试验误差大得多，则条件不同起显著作用，因此，不能认为各总体的均值相同，否定零假设；当 F 值小于 1 时，认为因素改变对实验结果引起的变动不显著，大部分试验误差是由个体差异所导致的.

调用格式：P = anova1(X)

例 44 X 中的 5 列数据分别为 1 到 5 的常数加上服从标准正态分布的随机干扰项，对每组数据做单因素方差分析.

程序如下：

```
X = meshgrid(1:5)
X = X+normrnd(0,1,5,5)
P = anova1(X)
```

运行结果如下：

```
X =
    1    2    3    4    5
    1    2    3    4    5
    1    2    3    4    5
    1    2    3    4    5
    1    2    3    4    5
```

```
X =
   -0.604 1    2.528 7    1.989 4    3.356 4    5.000 0
    1.257 3    2.219 3    3.614 5    4.380 3    4.682 1
   -0.056 5    1.078 1    3.507 7    2.990 9    6.095 0
    2.415 1   -0.170 7    4.692 4    3.980 5    3.126 0
    0.194 9    1.940 8    3.591 3    3.951 8    5.428 2
```

```
P =
    9.841 3e-006
```

anova1( )函数同时提供两张图片. 图 8.1 为该问题的方差分析表.

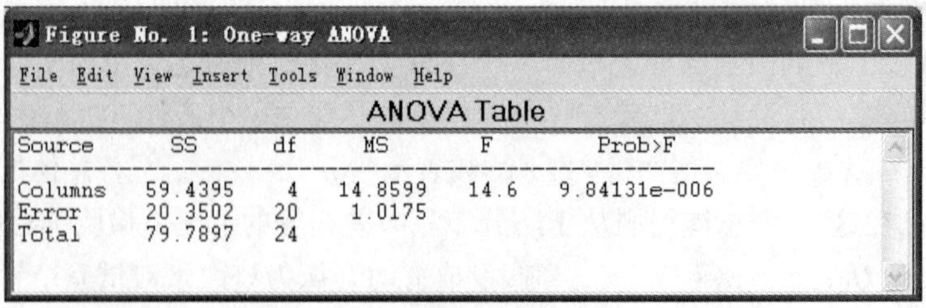

图 8.1

其中，第一列标明数据源；

第二列给出数据源的均方和(SS)；

第三列给出相应数据源的自由度 df；

第四列给出均方值，即比率 SS/df；

第五列给出 F 统计量;

第六列中 $F_{0.05}(4,20)$ 大于 14.6 的概率为 9.8413e-006，小于 0.05，可以认为 $F_{0.05}(4,20)< 14.6$，所以，在 0.05 的水平上可以认为各列均值之间存在显著差异.

图 8.2 为该问题的箱形图. 由图 8.2 可见，各列均值相差较大，故拒绝零假设.

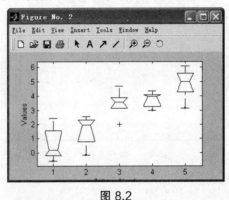

图 8.2

例 45 一位教师想要检查三种不同的教学方法的效果，为此，他随机地选取了水平相当的 15 位同学. 把他们分为三组，每组 5 人，每一组用一种方法教学. 一段时间后，对这 15 位学生进行统考，统考成绩（单位：分）如表 8.13 所示.

表 8.13

方法	成　绩				
甲	75	62	71	58	73
乙	81	85	68	92	90
丙	73	79	60	75	81

要求检验这三种教学方法有没有显著差异.

程序如下:

```
score = [75 62 71 58 73;81 85 68 92 90;73 79 60 75 81]';
P = anova1(score)
```

运行结果如下:

```
P =
     0.040 1
```

图 8.3 为该问题的方差分析表.

```
Figure No. 1: One-way ANOVA
File Edit View Insert Tools Window Help
                    ANOVA Table
Source      SS       df     MS       F       Prob>F
Columns    604.93    2    302.467   4.26    0.0401
Error      852.8     12    71.067
Total      1457.73   14
```

图 8.3

图 8.4 为该问题的箱形图.

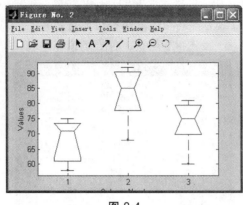

图 8.4

可见三种教学方法的效果存在显著差异.

2. 双因素方差分析

当有多个因素同时影响试验结果时，采用多因子方差分析. 进行多因子方差分析时，需要对离差平方和进行分解. 我们先来研究两个因素的情况.

（1）当两个因素没有交互作用时，对离差平方和做如下分解：

$$SS = SS_A + SS_B + SS_E$$

式中 SS_A 为 A 因素的离差平方和，SS_B 为 B 因素的离差平方和，SS_E 为误差平方和.

同时，对自由度也做相应的分解. A 因素对应的自由度为 $a-1$（a 为 A 因素的水平数），B 因素对应的自由度为 $b-1$（b 为 B 因素的水平数），误差项对应的自由度为 $n-a-b+1$（n 为试验次数）.

（2）当两个因素有交互作用时，离差平方和分解为

$$SS = SS_A + SS_B + SS_{A\times B} + SS_E$$

式中 $SS_{A\times B}$ 为因素 A, B 的交互效应的离差平方和，其自由度为 $(a-1)(b-1)$，误差项的自由度为 $n-ab$.

调用格式：P = anova2(X,reps)

P = anova2(X,reps, 'displayopt')

[P,table] = anova2(⋯)

[P,table,stats] = anova2(⋯)

说明：P = anova2(X,reps)进行均衡的双因素方差分析，比较数据样本 X 中多行和多列数据的均值. 不同列中的数据表示单一因素的变化情况；不同行中的数据表示另一因素的变化情况. 如果每行或每列对因素有不止一个的观测值，则用参数 reps 来标明每个因素多个观测值的不同标号.

anov2 返回零假设（H_0：列数据的均值与行数据的均值相同）成立的概率值 P. 如果概率值接近于零，则 H_0 值得怀疑.

例 46 某制造公司有两个厂，分别制造三种汽车. 汽车的燃气里程随汽车种类和工厂的不同而变化. 工厂制造方法的差异，使得燃气里程有总体的差别；设计规定的差异，使得不同种类汽车的燃气里程也可能不同. 另外，制造方法和设计规定也可能存在综合效应，影响汽车的燃气里程.

通过调研得到每厂每种车提供的三辆车的燃气里程数据，如表 8.14 所示.

表 8.14

	燃气里程（单位：km）		
	甲　车	乙　车	丙　车
一厂	33.3	34.5	37.4
	33.4	34.8	36.8
	32.9	33.8	37.6
二厂	32.6	33.4	36.6
	32.5	33.7	37.0
	33.0	33.9	36.7

试对此做方差分析.

程序如下：

```
X = [ 33.3 34.5 37.4
      33.4 34.8 36.8
      32.9 33.8 37.6
      32.6 33.4 36.6
      32.5 33.7 37.0
      33.0 33.9 36.7]
P = anova2(X,3)
```

运行结果如下：

```
P =

     0.000 0       0.003 9       0.841 1
```

用 F 统计量来检验里程与车种、工厂以及车种-工厂交互作用的依赖关系. 运行结果如图 8.5 所示，车种的 P 值为 0.000 0，明显表明里程数随车种的变化而变化；工厂的 P 值为 0.0039，表明里程数也因工厂的不同而存在差异. 而车种-工厂交互作用项的 P 值为 0.841 1，表明交互作用项几乎不起作用.

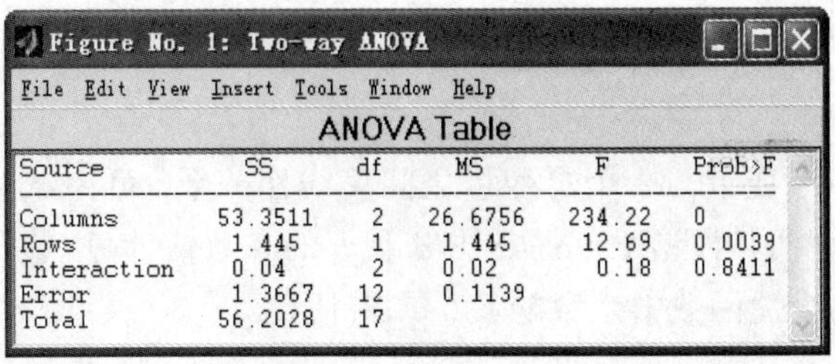

Source	SS	df	MS	F	Prob>F
Columns	53.3511	2	26.6756	234.22	0
Rows	1.445	1	1.445	12.69	0.0039
Interaction	0.04	2	0.02	0.18	0.8411
Error	1.3667	12	0.1139		
Total	56.2028	17			

图 8.5

3. 多因素方差分析

调用格式：P = anovan(X,group)

　　　　　P = anovan(X,group, 'model')

P = anovan(X,group, 'model',sstype)

P = anovan(X,group, 'model',sstype,gnames)

P = anovan(X,group, 'model',sstype,gnames, 'displayopt')

[p,table] = anovan(…)

[p,table,stats] = anovan(…)

[p,table,stats,terms] = anovan(…)

说明：P = anovan(X,group)给出了平衡或不平衡多因素方差分析，比较向量 X 中相对于 N 个不同因子的观测值的均值. X 中观测值所对应的因素和水平由单元数组 group 指定. 对于每个因素（有 N 个），group 中每个单元（有 N 个）都包含一个指示 X 中观测值所对应的各水平的列表. 每个单元中的列表可以是数组、单元或字符串的单元数组，它们必须与 X 具有相同的元素个数.

P = anovan(X,group, 'model')用'model'定义的模型进行方差分析，其中，'model'可以是'linear'、'interaction'、'full'，或一个整数或向量. 缺省的'linear'模型只计算 N 个主要影响因素的零假设成立的概率. 'enteraction'模型计算 N 个主要影响因素和其 C_N^2 个双因素交叉影响的零假设成立的概率. 'full'模型计算 N 个主要影响因素及其所有交叉影响零假设成立的概率.

P = anovan(X, group, 'model', sstype)用根据 sstype 指定的平方和类型计算方差分析，sstype 可以取 1, 2 或 3，分别指示类型 1、类型 2 或类型 3. 默认时为类型 3. sstype 的取值只影响非平衡数据的计算.

P = anovan(X,group, 'model',sstype,gnames)用字符数组 gnames 字符串来标注方差分析表中 N 个试验因子. 数组可以是一个字符串矩阵，每个观测值对应一行；或字符串单元数组，每个观测值对应一个元素. 如果 gnames 未指定，则缺省标识为'X_1'、'X_2'、'X_3'、…、'X_N'.

P = anovan(X,group, 'model',sstype,gnames, 'displayopt')当'displayopt'为'on'时（缺省）显示 ANOVA 表，当'displayopt'为'off'时关闭显示.

8.10.2 回归分析

在实际生活中，各变量之间明显存在着某种联系，但又不能用一个函数表达式确切地表示出来. 例如：身高和体重的关系，身高较高者，一般体重也重，但它们之间没有确定的函数关系，我们称其为相关关系. 回归分析就是处理相关关系的数学方法. 当自变量只有一个时，称之为一元线性回归；当自变量有多个时，称之为多元线性回归.

1. 一元线性回归

一元线性回归是指因变量与一个自变量之间呈线性关系. 可由试验中得到的若干对数据 $(x_1,y_1),\cdots,(x_n,y_n)$ 确定线性回归模型 $y = a+bx$ 中 a 和 b 的参数估计.

用最小二乘法给出线性函数中系数的最小二乘估计.

2. 多元线性回归

在实际应用中，由于事物的复杂性，与某一变量 Y 有关的变量常常有多个，研究它们之间的定量关系为多元回归问题. 其主要内容是：

（1）从观测数据 $Y, X_1, X_2, \cdots, X_m$ 出发，求线性回归方程

$$Y = b+b_1X_1+b_2X_2+\cdots+b_mX_m$$

中的回归系数.

（2）检验回归方程及各回归系数的显著性.

（3）利用回归方程进行预测和控制.

调用格式：b = regress(y,X)

        [b,bint,r,rint,stats] = regress(y,X)

        [b,bint,r,rint,stats] = regress(y,X,alpha)

说明：b = regress(y,X)返回基于观测值 y 和回归矩阵 X 的最小二乘拟合系数的结果.

[b,bint,r,rint,stats] = regress(y,X)给出系数的估计值 b；系数估计值的置信度为 95%的置信区间 bint；残差 r；各残差的置信区间 rint；向量 stats 给出回归的 R^2 统计量和 F 值以及 p 值.

[b,bint,r,rint,stats] = regress(y,X,alpha)给出置信度为 1–alpha 的置信区间，其他同上.

例 47 某种水泥在凝固时放出的热量（单位：卡/克）Y 与水泥中的四种化学成分所占的百分比有关，现测得 13 组数据，如表 8.15 所示.

表 8.15

编号	X_1	X_2	X_3	X_4	Y
1	7	26	6	60	78.5
2	1	29	15	52	74.3
3	11	56	8	20	104.3
4	11	31	8	47	87.6
5	7	52	6	33	95.9
6	11	55	9	22	109.2
7	3	71	17	6	102.7
8	1	31	22	44	72.5
9	2	54	18	22	93.1
10	21	47	4	26	115.9
11	1	40	23	34	83.8
12	11	66	9	12	113.3
13	10	68	8	12	109.4

做回归分析.

程序如下：

```
X = [ 7 26 6 60
      1 29 15 52
      11 56 8 20
      11 31 8 47
      7 52 6 33
      11 55 9 22
      3 71 17 6
      1 31 22 44
      2 54 18 22
```

```
        21 47 4 26
        1 40 23 34
        11 66 9 12
        10 68 8 12];
    Y = [ 78.5 74.3 104.3 87.6 95.9 109.2 102.7 72.5 93.1 115.9 83.8 113.3 109.4]';
        [b,bint,r,rint,stats] = regress(Y,X)
```

运行结果如下：

```
    b =
        2.193 0
        1.153 3
        0.758 5
        0.486 3
    bint =
        1.773 9        2.612 2
        1.044 9        1.261 8
        0.397 7        1.119 4
        0.392 6        0.580 0
    r =
        -0.568 0
         1.994 3
        -0.204 2
        -1.201 7
        -0.023 9
         4.118 0
        -1.577 9
        -3.531 4
         2.082 1
        -0.038 6
         1.493 3
         0.394 6
        -2.860 5
    rint =
        -4.721 8        3.585 8
        -2.647 8        6.636 3
        -5.632 5        5.224 0
        -6.176 7        3.773 3
        -4.730 5        4.682 8
        -0.228 3        8.464 2
        -6.030 4        2.874 7
```

-7.113 0	0.050 2
-2.866 4	7.030 6
-3.326 2	3.249 0
-2.940 9	5.927 6
-4.808 8	5.598 0
-7.385 0	1.663 9

    stats =

    0.986 0   152.692 0   0.000 0

即回归方程为

$$Y = 2.193\ 0\ X_1 + 1.153\ 3\ X_2 + 0.758\ 5\ X_3 + 0.486\ 3\ X_4$$

bint 为各系数的置信区间；r 和 rint 分别为对应的每个系数的残差和残差置信区间，可见各残差值均较小；stats 向量的值分别为相关系数的平方、F 值和显著性概率 p；相关系数平方值 $R^2 = 0.986\ 0$，说明模型拟合程度相当高；显著性概率 $p = 0.000\ 0$，小于 0.005，拒绝零假设，认为回归方程中至少有一个自变量的系数不为零，回归方程有意义.

8.11 本章常用函数

函数调用格式	功能作用
factorial(n)	$n!$ 的计算
y = random('name',A1.A2,m,n)	产生指定分布的随机数
mean(X)	X 的均值
median(X)	X 的中位数
geomean(X)	几何平均数
harmmean(X)	调和平均数
var(X)	X 的方差
std(X)	X 的标准差
range(X)	X 的极差
mad(X)	平均绝对偏差
cov(X)	协方差
corrcoef(X)	相关系数
[phat,pci] = binofit(X,n)	点估计与区间估计
H = ztest(X,mu,sigma)	假设检验
H = ttest(X,mu)	假设检验
H = jbtest(X)	假设检验
H = kstest(X)	假设检验
H = lillietest(X)	假设检验
P = anova1(X)	方差分析
[b,bint,r,rint,stats] = regress(y,X)	回归分析

第9章　数学模型实验

9.1　线性规划模型

9.1.1　线性规划课题

例 1　生产计划问题.

假设某厂计划生产甲、乙两种产品，现在库存主要材料有 A 类 3600 kg，B 类 2000 kg，C 类 3000 kg. 生产每件甲产品需用材料：A 类 9 kg，B 类 4 kg，C 类 3 kg；生产每件乙产品需用材料：A 类 4 kg，B 类 5 kg，C 类 10 kg. 甲单位产品产生的利润为 70 元，乙单位产品产生的利润为 120 元. 问如何安排生产，才能使该厂所获的利润最大？

建立数学模型：

设 x_1，x_2 分别为生产甲、乙产品的件数，f 为该厂所获的总利润，则

$$\max f = 70x_1 + 120x_2$$

$$\text{s.t.} \begin{cases} 9x_1 + 4x_2 \leqslant 3600 \\ 4x_1 + 5x_2 \leqslant 2000 \\ 3x_1 + 10x_2 \leqslant 3000 \\ x_1, x_2 \geqslant 0 \end{cases}$$

例 2　投资问题.

某公司有一批资金用于四个工程项目的投资，其投资各项目时所得的净收益（投入资金的百分比）如表 9.1 所示. 由于某种原因，决定用于项目 A 的投资不大于其他各项目投资之和，而用于项目 B 和 C 的投资要大于项目 D 的投资. 试确定该公司收益最大的投资分配方案.

表 9.1　工程项目收益表

工程项目	A	B	C	D
收益/%	15	10	8	12

建立数学模型：

设 x_1，x_2，x_3，x_4 分别代表用于项目 A, B, C, D 的投资百分数，则

$$\max f = 0.15x_1 + 0.1x_2 + 0.08x_3 + 0.12x_4$$

$$\text{s.t.} \begin{cases} x_1 - x_2 - x_3 - x_4 \leqslant 0 \\ x_2 + x_3 - x_4 \geqslant 0 \\ x_1 + x_2 + x_3 + x_4 = 1 \\ x_j \geqslant 0, \ j = 1, 2, 3, 4 \end{cases}$$

例 3 运输问题.

有 A, B, C 三个食品加工厂，负责供给甲、乙、丙、丁四个市场. 三个厂每天生产的食品箱数上限如表 9.2 所示，四个市场每天的需求量如表 9.3 所示，从各厂运到各市场的运输费用（元/每箱）由表 9.4 给出. 求在基本满足供需平衡的约束条件下使总运输费用最小.

表 9.2

工 厂	A	B	C
生产数	60	40	50

表 9.3

市 场	甲	乙	丙	丁
需求量	20	35	33	34

表 9.4

发点＼收点		市　场			
		甲	乙	丙	丁
工厂	A	2	1	3	2
	B	1	3	2	1
	C	3	4	1	1

建立数学模型：

设 a_{ij} 为由工厂 i 运到市场 j 的费用，x_{ij} 是由工厂 i 运到市场 j 的箱数. b_i 是工厂 i 的产量，d_j 是市场 j 的需求量，则

$$A = \begin{pmatrix} 2 & 1 & 3 & 2 \\ 1 & 3 & 2 & 1 \\ 3 & 4 & 1 & 1 \end{pmatrix}, \quad X = \begin{pmatrix} x_{11} & x_{12} & x_{13} & x_{14} \\ x_{21} & x_{22} & x_{23} & x_{24} \\ x_{31} & x_{32} & x_{33} & x_{34} \end{pmatrix}, \quad b = (60\ 40\ 50)^{\mathrm{T}}, \quad d = (20\ 35\ 33\ 34)^{\mathrm{T}}$$

$$\min f = \sum_{i=1}^{3} \sum_{j=1}^{4} a_{ij} x_{ij}$$

$$\text{s.t.} \begin{cases} \sum_{j=1}^{4} x_{ij} \leqslant b_i, & i = 1, 2, 3 \\ \sum_{i=1}^{3} x_{ij} = d_{ij}, & j = 1, 2, 3, 4 \\ x_{ij} \geqslant 0, & i = 1, 2, 3; \ j = 1, 2, 3, 4 \end{cases}$$

当我们用 MATLAB 软件做优化问题时，所有求目标的最大值问题 $\max f$ 可化为求目标的最小值问题 $\min(-f)$ 来做；大于等于的不等式约束 $g_i(x) \geqslant 0$ 可化为小于等于的不等式约束 $-g_i \leqslant 0$ 来做.

上述例子去掉实际背景，可归结出规划问题. 其中，目标函数和约束条件都是变向量 X 的线性函数.

规划问题形如：

$$\min \boldsymbol{f}^{\mathrm{T}} \boldsymbol{X}$$

$$\text{s.t.} \begin{cases} \boldsymbol{AX} \leqslant \boldsymbol{b} \\ \text{Aeq } \boldsymbol{X} = \text{beq} \\ \text{lb} \leqslant \boldsymbol{X} \leqslant \text{ub} \end{cases}$$

其中 $\boldsymbol{X}$ 为 n 维未知向量；$\boldsymbol{f}^{\mathrm{T}} = [f_1, f_2, \cdots, f_n]$ 为目标函数的系数向量，小于等于约束系数矩阵；$\boldsymbol{A}$ 为 $m \times n$ 矩阵；$\boldsymbol{b}$ 为其右端 m 维列向量；Aeq 为等式约束系数矩阵；beq 为等式约束右端常数列向量；lb，ub 分别为自变量取值上界与下界约束的 n 维常数向量.

9.1.2 线性规划问题求最优解函数

调用格式： x = linprog(f,A,b)

　　　　　　x = linprog(f,A,b,Aeq,beq)

　　　　　　x = linprog(f,A,b,Aeq,beq,lb,ub)

　　　　　　x = linprog(f,A,b,Aeq,beq,lb,ub,x0)

　　　　　　x = linprog(f,A,b,Aeq,beq,lb,ub,x0,options)

　　　　　　[x,fval] = linprog(⋯)

　　　　　　[x, fval, exitflag] = linprog(⋯)

　　　　　　[x, fval, exitflag, output] = linprog(⋯)

　　　　　　[x, fval, exitflag, output, lambda] = linprog(⋯)

输出参数说明：

x 为最优解向量；

fval 为最优目标函数值；

exitflag 描述函数计算的退出条件：若为正值，表明目标函数收敛于解 $\boldsymbol{x}$；若为负值，表明目标函数不收敛；若为零值，表明已经达到函数评价或迭代的最大次数.

　　output 返回优化信息；

　　　　output.iterations 表示迭代次数；

　　　　output.algorithm 表示所采用的算法；

　　　　outprt.funcCount 表示函数评价次数；

　　lambda 返回 $\boldsymbol{x}$ 处的拉格朗日乘子，它有以下属性：

　　　　lambda.lower-lambda 的下界；

　　　　lambda.upper-lambda 的上界；

　　　　lambda.ineqlin-lambda 的线性不等式；

　　　　lambda.eqlin-lambda 的线性等式.

输出参数的个数可自行确定.

输入参数说明：

f 为目标函数；

A 为不等式约束变量系数矩阵；

b 为不等式约束右端常数列向量；

Aeq 为等式约束变量系数矩阵；

beq 为等式约束右端常数列向量；

lb, ub 分别为变量 x 的下界和上界；

$x0$ 为初值点；

options 为对指定优化参数进行最小化.

options 的参数描述：

Display 为显示水平. 选择'off'不显示输出；选择'iter'显示每一步迭代过程的输出；选择'final'显示最终结果；

MaxFunEvals 为函数评价的最大允许次数；

Maxiter 为最大允许迭代次数；

TolX 为 x 处的终止容限；

若没有不等式约束，则赋值 $A = [\ ]$、$b = [\ ]$ 占位.

9.1.3 求解举例

例 4 求解线性规划问题：

$$\max f = 2x_1 + 5x_2$$

$$\text{s.t.} \begin{cases} x_1 \leqslant 4 \\ x_2 \leqslant 3 \\ x_1 + 2x_2 \leqslant 8 \\ x_1 \geqslant 0, \quad x_2 \geqslant 0 \end{cases}$$

先将目标函数转化成最小值问题：

$$\min(-f) = -2x_1 - 5x_2$$

程序如下：

```
f = [-2 -5];
A = [1 0; 0 1; 1 2];
b = [4; 3; 8];
[x,fval] = linprog(f,A,b)
f = fval*(-1)
```

运行结果如下：

```
x =
     2
     3
fval =
       -19.0000
maxf =
       19
```

例 5 求解线性规划问题：

$$\min f = 5x_1 - x_2 + 2x_3 + 3x_4 - 8x_5$$

$$\text{s.t.} \begin{cases} -2x_1 + x_2 - x_3 + x_4 - 3x_5 \leqslant 6 \\ 2x_1 + x_2 - x_3 + 4x_4 + x_5 \leqslant 7 \\ 0 \leqslant x_j \leqslant 15, \quad j = 1,2,3,4,5 \end{cases}$$

程序如下:

```
f = [5 -1 2 3 -8];
A = [-2 1 -1 1 -3; 2 1 -1 4 1];
b = [6; 7];
lb = [0 0 0 0 0];
ub = [15 15 15 15 15];
[x,fval] = linprog(f,A,b,[],[],lb,ub)
```

运行结果如下:

```
x =
    0.0000
    0.0000
    8.0000
    0.0000
    15.0000
minf =
    -104
```

例 6　求解线性规划问题:

$$\min f = 5x_1 + x_2 + 2x_3 + 3x_4 + x_5$$

$$\text{s.t.} \begin{cases} -2x_1 + x_2 - x_3 + x_4 - 3x_5 \leqslant 1 \\ 2x_1 + 3x_2 - x_3 + 2x_4 + x_5 \leqslant -2 \\ 0 \leqslant x_j \leqslant 1, \ j = 1,2,3,4,5 \end{cases}$$

程序如下:

```
f = [5 1 2 3 1];
A = [-2 1 -1 1 -3; 2 3 -1 2 1];
b = [1; -2];
lb = [0 0 0 0 0];
ub = [1 1 1 1 1];
[x,fval,exitflag,output,lambda] = linprog(f,A,b,[],[],lb,ub)
```

运行结果如下:

```
x =
    0.000 0
    0.000 0
    1.198 7
    0.000 0
    0.000 0
```

fval =

    2.397 5

exitflag =

    -1

output =

    iterations：7

    cgiterations：0

    algorithm：'lipsol'

lambda =

    ineqlin：[2x1 double]

    eqlin：[0x1 double]

    upper：[5x1 double]

    lower：[5x1 double]

显示的信息 exitflag $=-1$ 表明该问题无可行解，所给出的是对约束破坏最小的解.

例 7 求解例 1 的生产计划问题.

建立数学模型：

设 x_1, x_2 分别为生产甲，乙产品的件数，f 为该厂所获总利润. 则

$$\max f = 70x_1 + 120x_2$$

$$\text{s.t.} \begin{cases} 9x_1 + 4x_2 \leqslant 3600 \\ 4x_1 + 5x_2 \leqslant 2000 \\ 3x_1 + 10x_2 \leqslant 3000 \\ x_1, x_2 \geqslant 0 \end{cases}$$

将其转换为标准形式：

$$\min f = -70x_1 - 120x_2$$

$$\text{s.t.} \begin{cases} 9x_1 + 4x_2 \leqslant 3600 \\ 4x_1 + 5x_2 \leqslant 2000 \\ 3x_1 + 10x_2 \leqslant 3000 \\ x_1, x_2 \geqslant 0 \end{cases}$$

程序如下：

```
f = [-70 -120];
A = [9 4 ;4 5;3 10 ];
b = [3600;2000;3000];
lb = [0 0];
ub = [];
[x,fval,exitflag] = linprog(f,A,b,[],[],lb,ub)
maxf = -fval
```

运行结果如下：

x =

    200.0000

    240.0000

fval =

         −4.2800e+004

exitflag =

         1

maxf =

         4.280 0e+004

显示的信息 exitflag = 1 表明该问题迭代收敛到最优解.

例 8 求解例 2 的投资问题.

建立数学模型:

$$\max f = 0.15x_1 + 0.1x_2 + 0.08 x_3 + 0.12 x_4$$

$$\text{s.t.} \begin{cases} x_1 - x_2 - x_3 - x_4 \leqslant 0 \\ x_2 + x_3 - x_4 \geqslant 0 \\ x_1 + x_2 + x_3 + x_4 = 1 \\ x_j \geqslant 0, \quad j = 1,2,3,4 \end{cases}$$

将其转换为标准形式:

$$\min z = -0.15x_1 - 0.1x_2 - 0.08 x_3 - 0.12 x_4$$

$$\text{s.t.} \begin{cases} x_1 - x_2 - x_3 - x_4 \leqslant 0 \\ -x_2 - x_3 + x_4 \leqslant 0 \\ x_1 + x_2 + x_3 + x_4 = 1 \\ xj \geqslant 0, \quad j = 1,2,3,4 \end{cases}$$

程序如下:

```
f = [-0.15; -0.1; -0.08; -0.12];
A = [1 -1 -1 -1
     0 -1 -1 1];
b = [0; 0];
Aeq = [1 1 1 1];
beq = [1];
lb = zeros(4,1);
[x,fval,exitflag] = linprog(f,A,b,Aeq,beq,lb)
f = -fval
```

运行结果如下:

x =

      0.5000

      0.2500

      0.0000

      0.2500

fval =

         −0.130 0

exitflag =

         1

f =

     0.1300

显示的信息 exitflag = 1 表明该问题迭代收敛到最优解. 即四个项目的投资百分数分别为 50%, 25%l, 0, 25%时，可使该公司获得最大收益，其最大收益可达到 13%.

例9 求解例3的运输问题.

建立数学模型:

设 a_{ij} 为由工厂 i 运到市场 j 的费用, x_{ij} 是由工厂 i 运到市场 j 的箱数, b_i 是工厂 i 的产量, d_j 是市场 j 的需求量.

$$A = \begin{pmatrix} 2 & 1 & 3 & 2 \\ 1 & 3 & 2 & 1 \\ 3 & 4 & 1 & 1 \end{pmatrix}, \quad X = \begin{pmatrix} x_{11} & x_{12} & x_{13} & x_{14} \\ x_{21} & x_{22} & x_{23} & x_{24} \\ x_{31} & x_{32} & x_{33} & x_{34} \end{pmatrix}, \quad b = (60\ 40\ 50)^{\mathrm{T}}, \quad d = (20\ 35\ 33\ 34)^{\mathrm{T}}$$

$$\min f = \sum_{i=1}^{3} \sum_{j=1}^{4} a_{ij} x_{ij}$$

$$\text{s.t.} \begin{cases} \sum_{j=1}^{4} x_{ij} \leqslant b_i, & i = 1, 2, 3 \\ \sum_{i=1}^{3} x_{ij} = d_j, & j = 1, 2, 3, 4 \\ x_{ij} \geqslant 0 \end{cases}$$

程序如下:

```
A = [2 1 3 2;1 3 2 1;3 4 1 1];
f = A( : );
B = [1 0 0 1 0 0 1 0 0 1 0 0
     0 1 0 0 1 0 0 1 0 0 1 0
     0 0 1 0 0 1 0 0 1 0 0 1];
D = [1 1 1 0 0 0 0 0 0 0 0 0
     0 0 0 1 1 1 0 0 0 0 0 0
     0 0 0 0 0 0 1 1 1 0 0 0
     0 0 0 0 0 0 0 0 0 1 1 1];
b = [60;40;50];
d = [20;35;33;34];
lb = zeros(12,1);
[x,fval,exitflag] = linprog(f,B,b,D,d,lb)
```

运行结果如下:

```
x =

    0.0000
   20.0000
    0.0000
   35.0000
```

0.0000

0.0000

0.0000

0.0000

33.0000

0.0000

18.4682

15.5318

fval =

122.0000

exitflag =

1

即最佳运输方案为：甲市场的货由 B 厂送 20 箱；乙市场的货由 A 厂送 35 箱；丙商场的货由 C 厂送 33 箱；丁市场的货由 B 厂送 18 箱，再由 C 厂送 16 箱. 最低总运费为：122 元.

9.2 非线性规划模型

9.2.1 非线性规划课题

问题中目标函数及约束条件至少有一项是非线性函数.

例 10 求表面积为 36 m² 的最大长方体的体积.

建立数学模型：

设 x, y, z 分别为长方体的三个棱长，f 为长方体的体积，则

$$\max f = \frac{xy(36 - 2xy)}{2(x + y)}$$

例 11 投资决策问题.

某公司准备用 5000 万元用于 A, B 两个项目的投资，设 x_1, x_2 分别表示配给项目 A, B 的投资. 预计项目 A, B 的年收益分别为 20% 和 16%. 同时，投资后总的风险损失将随着总投资和单位投资的增加而增加. 已知总的风险损失为 $2x_1^2 + x_2^2 + (x_1 + x_2)^2$，问应如何分配资金，才能使期望的收益最大，同时使风险损失最小？

建立数学模型：

$$\max f = 20x_1 + 16x_2 - \lambda[2x_1^2 + x_2^2 + (x_1 + x_2)^2]$$

$$\text{s.t.} \begin{cases} x_1 + x_2 \leqslant 5000 \\ x_1 \geqslant 0, \ x_2 \geqslant 0 \end{cases}$$

目标函数中的 $\lambda \geqslant 0$ 是权重系数.

由上例去掉实际背景，其目标函数与约束条件至少有一处是非线性的，称其为非线性问题.

非线性规划问题可分为无约束问题和有约束问题. 如, 例 10 为无约束问题, 例 11 为有约束问题.

9.2.2　无约束非线性规划问题

求解无约束最优化问题的方法主要有两类：直接搜索法（Search method）和梯度法（Gradient method）.

（1）fminunc 函数.

调用格式：

　　　x = fminunc(fun,x0)

　　　x = fminunc(fun,x0,options)

　　　x = fminunc(fun,x0,options,P1,P2)

　　　[x,fval] = fminunc(…)

　　　[x,fval, exitflag] = fminunc(…)

　　　[x,fval, exitflag,output] = fminunc(…)

　　　[x,fval, exitflag,output,grad] = fminunc(…)

　　　[x,fval, exitflag,output,grad,hessian] = fminunc(…)

输入说明：fun 为需最小化的目标函数；x0 为给定的搜索的初始点；options 为指定优化参数.

输出说明：x 为最优解向量；fval 为 x 处的目标函数值；exitflag 描述函数的输出条件；output 返回优化信息；grad 返回目标函数在 x 处的梯度；Hessian 返回在 x 处目标函数的 Hessian 矩阵信息.

例 12　求 $\min f = 8x - 4y + x^2 + 3y^2$.

程序如下：编辑 ff1.m 文件

```
function f = ff1(x)
f = 8*x(1)-4*x(2)+x(1)^2+3*x(2)^2;
```

通过绘图确定一个初始点（见图 9.1）：

```
[x,y] = meshgrid(-10：.5：10);
z = 8*x-4*y +x.^2+3*y.^2;
surf(x,y,z)
```

观察图形，选初始点：x0 = (0,0).

```
x0 = [0,0];
[x,fval,exitflag] = fminunc(@ff1,x0)
```

运行结果如下：

```
x =
      -4.000 0      0.666 7
fval =
         -17.333 3
exitflag =
         1
```

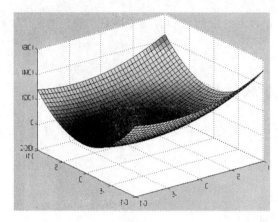

图 9.1

例 13 求 $\min f = 4x^2 + 5xy + 2y^2$.

程序如下：编辑 ff2.m 文件

```
function f = ff2(x)
f = 4*x(1)^2+5*x(1)*x(2)+2*x(2)^2;
```

取初始点：x0 = (1,1).

```
x0 = [1,1];
[x,fval,exitflag] = fminunc(@ff2,x0)
```

运行结果如下：

```
x =
     1.0e-007 *
     -0.172 1     0.189 6
fval =
      2.723 9e-016
exitflag =
          1
```

例 14 将例 13 用提供的梯度 g 最小化函数进行优化计算.

修改 M 文件为：

```
function [f,g] = ff3(x)
f = 4*x(1)^2+5*x(1)*x(2)+2*x(2)^2;
if nargut >1
      g(1) = 8*x(1)+5*x(2);
      g(2) = 5*x(1)+4*x(2);
end
end
```

再通过下面的程序优化选项结构 options. Gradobj 设置为'on'来得到梯度值.

```
options = optimset('Gradobj', 'on');
x0 = [1,1];
[x,fval,exitflag] = fminunc(@ff3,x0,options)
```

运行结果如下：

x =

1.0e-015 *

-0.222 0   -0.222 0

fval =

5.423 4e-031

exitflag =

1

（2）minsearch 函数.

调用格式：

x = fminsearch(fun,x0)

x = fminsearch(fun,x0,options)

x = fminsearch(fun,x0,options,P1,P2)

[x,fval] = fminsearch(⋯)

[x,fval, exitflag] = fminsearch(⋯)

[x,fval, exitflag,output] = fminsearch(⋯)

[x,fval, exitflag,output,grad] = fminsearch(⋯)

[x,fval, exitflag,output,grad,hessian] = fminsearch(⋯)

说明：参数及返回变量同上一函数. 对求解二次以上的问题，fminsearch 函数比 fminunc 函数有效.

（3）多元非线性最小二乘问题.

非线性最小二乘问题的数学模型为：

$$\min f(x) = \sum_{i=1}^{m} f_i(x)^2 + L$$

其中 L 为常数.

调用格式：

x = lsqnonlin(fun,x0)

x = lsqnonlin(fun,x0,lb,ub)

x = lsqnonlin(fun,x0,options)

x = lsqnonlin(fun,x0,options,P1,P2)

[x,resnorm] = lsqnonlin(⋯)

[x,resnorm, residual,exitflag] = lsqnonlin(⋯)

[x,resnorm, residual , exitflag,output] = lsqnonlin(⋯)

[x,resnorm, residual,exitflag, output,lambda] = lsqnonlin(⋯)

[x,resnorm, r esidual,exitflag, output,lambda,jacobian] = lsqnonlin(⋯)

输出说明：x 返回解向量；resnorm 返回 x 处残差的平方范数值：sum(fun(x).^2)；residual 返回 x 处的残差值 fun(x)；lambda 返回包含 x 处拉格朗日乘子的结构参数；jacobian 返回解 x 处的 fun 函数的雅可比矩阵.

lsqnonlin 默认时选择大型优化算法. Lsqnonlin 通过将 options.LargeScale 设置为'off'来做中型优化算法. 其采用一维搜索法.

例 14　求 $\min f = 4(x_2-x_1)^2+(x_2-4)^2$，选择初始点 $x_0(1,1)$.

程序如下：

```
f = '4*(x(2)-x(1))^2+(x(2)-4)^2'
[x,reshorm] = lsqnonlin(f,[1,1])
```

运行结果如下：

```
x =

     3.989 6     3.991 2

reshorm =

         5.003 7e-009
```

例 15　求 $\min f = \sum_{k=1}^{10} (2+2k-e^{kx_1}-e^{kx_2})^2$，选择初始点 $x_0(0.2,0.3)$.

编辑 ff5.m 文件：

```
function f = ff5(x)
k = 1:10;
f = 2+2*k-exp(k*x(1))-exp(k*x(2));
```

程序如下：

```
x0 = [0.2,0.3];
[x,resnorm] = lsqnonlin(@ff5,x0)
```

运行结果如下：

```
x =

     0.257 8     0.257 8

resnorm =

         124.362 2
```

9.2.3　有约束非线性规划问题

数学模型：

$$\min F(x)$$

$$\text{s.t.} \begin{cases} G_i(x) \leqslant 0, \ i=1,\cdots,m \\ G_j(x) = 0, \ j=m+1,\cdots,n \\ x_1 \leqslant x \leqslant x_u \end{cases}$$

其中 $F(x)$ 为多元实值函数；$G(x)$ 为向量值函数，

在有约束非线性规划问题中，通常将该问题转换为更简单的子问题，而且这些子问题可以求，并将之作为迭代过程的基础. 对其可用基于 $K\text{-}T$ 方程的解的方法. 它的 $K\text{-}T$ 方程可表达为：

$$F(x^*) + \sum_{i=1}^{n} \lambda_i^* \cdot \nabla G_i(x^*) = 0$$

$$\text{s.t.} \begin{cases} \nabla G_i(x^*) = 0, & i = 1, \cdots, m \\ \lambda_i^* \geqslant 0, & i = m+1, \cdots, n \end{cases}$$

方程第一行描述了目标函数和约束条件在解处梯度的取消情况. 由于梯度取消了，需要用拉格朗日乘子 λ_i 来平衡目标函数与约束梯度间大小的差异.

调用格式：

    x = fmincon(f,x0,A,b)

    x = fmincon(f,x0,A,b,Aeq,beq)

    x = fmincon(f,x0,A,b,Aeq,beq,lb,ub)

    x = fmincon(f,x0,A,b,Aeq,beq,lb,ub,nonlcon)

    x = fmincon(f,x0,A,b,Aeq,beq,lb,ub,nonlcon,options)

    [x,fval] = fmincon($\cdots$)

    [x, fval, exitflag] = fmincon($\cdots$)

    [x, fval, exitflag, output] = fmincon($\cdots$)

    [x, fval, exitflag, output, lambda] = fmincon($\cdots$)

说明：x = fmincon(f,x0,A,b)返回值 x 为最优解向量，其中 $x0$ 为初始点；A,b 分别为不等式约束的系数矩阵和右端列向量.

x = fmincon(f,x0,A,b,Aeq,beq)用于有等式约束的问题. 若没有不等式约束，则令 $A = [\ ]$，$b = [\ ]$.

x = fmincon(f, x0,A,b,Aeq,beq,lb,ub, nonlcon ,options)中 lb, ub 分别为变量 x 的下界和上界；nonlcon = @fun，由 M 文件 fun.m 给定非线性不等式约束 $c(x) \leqslant 0$ 和等式约束 $g(x) = 0$；options 为对指定优化参数进行最小化.

例 16　求解：

$$\min\ 100(x_2 - x_1^2)^2 + (1 - x_1)^2$$

$$\text{s.t.} \begin{cases} x_1 \leqslant 2 \\ x_2 \leqslant 2 \end{cases}$$

程序如下：首先建立 ff6.m 文件

```
function f = ff6(x)
f = 100*(x(2)-x(1)^2)^2+(1-x(1))^2;
end
```

然后在工作空间键入程序如下：

```
x0 = [1.1,1.1];
A = [1 0;0 1];
b = [2;2];
[x,fval] = fmincon(@ff6,x0,A,b)
```

运行结果如下：

```
x =
    1.000 0      1.000 0
```

fval =

    3.193 6e-011

例 17　求解：

$$\min f(x) = -x_1 x_2 x_3$$
$$\text{s.t. } 0 \leqslant x_1 + 2x_2 + 2x_3 \leqslant 72$$

首先建立目标函数文件 ff7.m

```
function f = ff7(x)
f = -x(1)*x(2)*x(3)
end
```

然后将约束条件改写成如下不等式：

$$\begin{cases} -x_1 - 2x_2 - 2x_3 \leqslant 0 \\ x_1 + 2x_2 + 2x_3 \leqslant 72 \end{cases}$$

在工作空间键入如下程序：

```
A = [-1 -2 -2; 1 2 2];
b = [0; 72];
x0 = [10; 10; 10];
[x,fval] = fmincon(@ff71,x0,A,b)
```

运行结果如下：

```
x =
    24.000 0
    12.000 0
    12.000 0
fval =
    -345 6
```

例 18　求解规划问题：

$$\min f = (6x_1^2 + 3x_2^2 + 2x_1 x_2 + 4x_2 + 1)$$
$$\text{s.t.} \begin{cases} x_1 x_2 - x_1 - x_2 + 1 \leqslant 0 \\ -2x_1 x_2 - 5 \leqslant 0 \end{cases}$$

程序如下：首先建立目标函数文件 ff8.m

```
function f = ff8(x)
f = exp(x(1))*(6*x(1)^2+3*x(2)^2+2*x(1)*x(2)+4*x(2)+1);
end
```

再建立非线性的约束条件文件：ff8g.m

```
function [c,g] = ff8g(x)
c(1) = x(1)*x(2)-x(1)-x(2)+1;
c(2) = -2*x(1)*x(2)-5;
g = [];
end
```

然后在工作空间键入程序如下：

```
x0 = [1,1];
nonlcon = @ff8g
[x, fval] = fmincon(@ff8,x0,[],[],[],[],[],[], nonlcon)
```

运行结果如下：

```
x =
      -2.500 0      1.000 0
fval =
         3.324 4
exitflag =
              1
```

当有等式约束时，要放在矩阵 g 的位置，如例 10 中加等式约束：

$$x(1)+2*x(2) = 0$$

程序如下：首先建立 fun1.m 文件

```
function[c,g] = ff8g1(x)
c(1) = x(1)*x(2)-x(1)-x(2)+1;
c(2) = -2*x(1)*x(2)-5;
g(1) = x(1)+2*x(2);
end
```

然后在工作空间键入程序如下：

```
x0 = [-1,1];
nonlcon = @ff8g1;
[x, fval,exitflag] = fmincon(@ff8,x0,[],[],[],[],[],[], nonlcon)
```

运行结果如下：

```
x =
      -2.236 1      1.118 0
fval =
         3.657 6
exitflag =
              1
```

9.3　二次规划模型

1. 二次规划数学模型

$$\min_x \frac{1}{2}\boldsymbol{x}^{\mathrm{T}}\boldsymbol{H}\boldsymbol{x} + \boldsymbol{f}^{\mathrm{T}}\boldsymbol{x}$$

$$\text{s.t.} \begin{cases} \boldsymbol{A}\cdot\boldsymbol{x} \leqslant \boldsymbol{b} \\ \text{Aeq}\cdot\boldsymbol{x} = \text{beq} \\ \text{lb} \leqslant \boldsymbol{x} \leqslant \text{ub} \end{cases}$$

其中 H 为二次型矩阵；A, Aeq 分别为不等式约束与等式约束系数矩阵；f, b, beq, lb, ub, x 均为向量.

2. 求解二次规划问题

函数为 quadprog( )

调用格式：

　　　　X = quadprog(H,f,A,b)

　　　　X = quadprog(H,f,A,b,Aeq,beq)

　　　　X = quadprog(H,f,A,b,Aeq,beq,lb,ub)

　　　　X = quadprog(H,f,A,b,Aeq,beq,lb,ub,x0)

　　　　X = quadprog(H,f,A,b,Aeq,beq,lb,ub,x0,options)

　　　　[x,fval] = quadprog(⋯)

　　　　[x,fval,exitflag] = quadprog(⋯)

　　　　[x,fval,exitflag,output] = quadprog(⋯)

　　　　[x,fval,exitflag,output,lambda] = quadprog(⋯)

输入输出说明：输入参数中，x0 为初始点；若无等式约束或无不等式约束，就将相应的矩阵和向量设置为空；options 为指定优化参数. 输出参数中，x 是返回最优解；fval 是返回解所对应的目标函数值；exitflag 是描述搜索是否收敛；output 是返回包含优化信息的结构；Lambda 是返回解 x 包含拉格朗日乘子的参数.

3. 举　例

例 19　求解二次规划问题.

$$\min f(x) = x_1 - 3x_2 + 3x_1^2 + 4x_2^2 - 2x_1x_2$$
$$\text{s.t.} \begin{cases} 2x_1 + x_2 \leqslant 2 \\ -x_1 + 4x_2 \leqslant 3 \end{cases}$$

程序如下：

```
f = [1;-3]
H = [6 -2;-2 8]
A = [2 1;-1 4]
b = [2;3]
[X,fval,exitflag] = quadprog(H,f,A,b)
```

运行结果如下：

```
X =
        -0.045 5
        0.363 6
fval =
        -0.568 2
exitflag =
        1
```

例 20 求解二次规划问题.

$$\min f(x) = x_1^2 + 2x_2^2 - 2x_1x_2 - 4x_1 - 12x_2$$

$$\text{s.t.} \begin{cases} x_1 + x_2 \leqslant 2 \\ -x_1 + 2x_2 \leqslant 2 \\ 2x_1 + x_2 \leqslant 3 \\ 0 \leqslant x_1, \ 0 \leqslant x_2 \end{cases}$$

程序如下：

```
H = [2 -2;-2 4];
f = [-4;-12];
A = [1 1;-1 2;2 1];
b = [2;2;3];
lb = zeros(2,1);
[x,fval,exitflag] = quadprog(H,f,A,b,[],[],lb)
```

运行结果如下：

```
x =
       0.666 7
       1.333 3
fval =
        -16.444 4
exitflag =
             1
```

9.4　多目标规划模型

多目标规划定义为在一组约束下，对多个不同的目标函数进行优化设计.

1. 多目标规划数学模型

$$\min\left[f_1(x), f_2(x), \cdots, f_m(x)\right]$$
$$\text{s.t.} \ g_j(x) \leqslant 0, \quad j = 1, 2, \cdots, k$$

其中 $x = (x_1, x_2, \cdots, x_n)$ 为一个 n 维向量；$f_i(x)$ 为目标函数，$i = 1, 2, \cdots, m$；$g_j(x)$ 为系统约束，$(j = 1, 2, \cdots, k)$.

当目标函数处于冲突状态时，不存在最优解使所有目标函数同时达到最优，于是我们寻求有效解（又称非劣解或非支配解或帕累托解）.

定义 9.1 若 x^* $(x^* \in \Omega)$ 的邻域内不存在 Δx，使得 $(x^* + \Delta x \in \Omega)$，且

$$F_i(x^* + \Delta x) \leqslant F_i(x^*)，\quad i = 1, \cdots, m$$
$$F_j(x^* + \Delta x) < F_j(x^*)，\quad \text{对某些 } j$$

则称 x^* 为有效解.

2. 解法与算例

多目标规划问题的几种常用解法：

（1）主要目标法.

其基本思想是：在多目标问题中，根据问题的实际情况，确定一个目标为主要目标，而把其余目标作为次要目标，并且根据经验，选取一定的界限值. 这样就可以把次要目标作为约束来处理，于是就将原来的多目标问题转化为一个在新的约束下的单目标最优化问题.

（2）线性加权和法.

其基本思想是：按照多目标 $f_i(x)(i = 1, 2, \cdots, m)$ 的重要程度，分别乘以一组权系数 λ_j ($j = 1, 2, \cdots, m$)，然后相加作为目标函数而构成单目标规划问题. 即

$$\min f = \sum_{j=1}^{m} \lambda_j f_j(x)$$

其中 $\lambda_j \geq 0$ 且 $\sum_{j=1}^{m} \lambda_j = 1$.

例 21 某钢铁厂准备用 5000 万用于 A, B 两个项目的技术改造投资. 设 x_1, x_2 分别表示分配给项目 A，B 的投资，据专家预估计，投资项目 A, B 的年收益分别为 70% 和 66%. 同时，投资后总的风险损失将随着总投资和单项投资的增加而增加. 已知总的风险损失为 $0.02x_1^2 + 0.01x_2^2 + 0.04(x_1 + x_2)^2$，问应如何分配资金才能使期望的收益最大，同时使风险损失最小？

建立数学模型：

$$\max f_1(x) = 70x_1 + 66x_2$$
$$\min f_2(x) = 0.02x_1^2 + 0.01x_2^2 + 0.04(x_1 + x_2)^2$$
$$\text{s.t.} \begin{cases} x_1 + x_2 \leq 5000 \\ 0 \leq x_1, \quad 0 \leq x_2 \end{cases}$$

线性加权构造目标函数：

$$\max f = 0.5f_1(x) - 0.5f_2(x)$$

化为最小值问题：

$$\min(-f) = -0.5f_1(x) + 0.5f_2(x)$$

首先编辑目标函数 M 文件 ff11.m：

```
function   f = ff11(x)
f = -0.5*(70*x(1)+66*x(2))+0.5*(0.02*x(1)^2+0.01*x(2)^2+0.04*(x(1)+x(2))^2);
end
```

调用单目标规划求最小值问题的函数：

```
x0 = [1 000,1 000]
A = [1 1];
b = 5 000;
lb = zeros(2,1);
[x,fval, exitflag] = fmincon(@ff11,x0, A,b,[],[],lb,[])
f1 = 70*x(1)+66*x(2)
```

f2 = 0.02*x(1)^2+0.01*x(2)^2+0.04*(x(1)+x(2))^2

运行结果如下：

x =

    307.142 8   414.285 7

fval =

    -1.221 1e+004

exitflag =

        1

f1 =

    4.884 3e+004

f2 =

    2.442 1e+004

（3）极大极小法.

其基本思想是：对于极小化的多目标规划，让其中最大的目标函数值尽可能地小. 为此，对每个 $x \in \mathbf{R}$，我们先求诸目标函数值 $f_i(x)$ 的最大值，然后再求这些最大值中的最小值. 即构造单目标规划：

$$\min f = \max_{1 \leqslant j \leqslant m} \{ f_j(x) \}$$

（4）目标达到法.

对于多目标规划：

$$\min [f_1(x), f_2(x), \cdots, f_m(x)]$$
$$\text{s.t. } g_j(x) \leqslant 0, \quad j = 1, 2, \cdots, n$$

先设计与目标函数相应的一组目标值理想化向量 $(f_1^*, f_2^*, \cdots, f_m^*)$，再设 γ 为一松弛因子标量. 设 $\boldsymbol{W} = (w_1, w_2, \cdots, w_m)$ 为权值系数向量，于是多目标规划问题化为：

$$\min_{x, \gamma} \gamma$$
$$\text{s.t.} \begin{cases} f_j(x) - w_j \gamma \leqslant f_j^*, & j = 1, 2, \cdots, m \\ g_j(x) \leqslant 0, & j = 1, 2, \cdots, k \end{cases}$$

在 MATLAB 的优化工具箱中，fgoalattain 函数用于解决此类问题.

其数学模型形式为：

$$\min \gamma$$
$$\text{s.t.} \begin{cases} F(x) - \text{weight} \cdot \gamma \leqslant \text{goal} \\ c(x) \leqslant 0 \\ \text{ceq}(x) = 0 \\ \boldsymbol{Ax} \leqslant \boldsymbol{b} \\ \text{Aeq} \boldsymbol{x} = \text{beq} \\ \text{lb} \leqslant x \leqslant \text{ub} \end{cases}$$

其中 $\boldsymbol{x}$, weight, goal, b, beq, lb 和 ub 均为向量，$\boldsymbol{A}$ 和 Aeq 均为矩阵，$c(\boldsymbol{x})$,ceq($\boldsymbol{x}$)和 $F(\boldsymbol{x})$均为函数.

调用格式:

x = fgoalattain(F,x0,goal,weight)

x = fgoalattain(F,x0,goal,weight,A,b)

x = fgoalattain(F,x0,goal,weight,A,b,Aeq,beq)

x = fgoalattain(F,x0,goal,weight,A,b,Aeq,beq,lb,ub)

x = fgoalattain(F,x0,goal,weight,A,b,Aeq,beq,lb,ub,nonlcon)

x = fgoalattain(F,x0,goal,weight,A,b,Aeq,beq,lb,ub,nonlcon,options)

x = fgoalattain(F,x0,goal,weight,A,b,Aeq,beq,lb,ub,nonlcon,options,P1,P2)

[x,fval] = fgoalattain(…)

[x,fval,attainfactor] = fgoalattain(…)

[x,fval,attainfactor,exitflag,output] = fgoalattain(…)

[x,fval,attainfactor,exitflag,output,lambda] = fgoalattain(…)

说明: F 为目标函数; $x0$ 为初值; goal 为 F 达到的指定目标; weight 为参数指定权重; A, b 分别为线性不等式约束的矩阵与向量; Aeq, beq 分别为等式约束的矩阵与向量; lb, ub 分别为变量 x 的上、下界向量; nonlcon 为定义非线性不等式约束函数 $c(x)$ 和等式约束函数 $ceq(x)$; options 中设置优化参数.

x 返回最优解; fval 返回解 x 处的目标函数值; attainfactor 返回解 x 处的目标达到因子; exitflag 描述计算的退出条件; output 返回包含优化信息的输出参数; lambda 返回包含拉格朗日乘子的参数.

例 22 某化工厂拟生产两种新产品 A 和 B, 其生产设备费用分别为 2 万元/吨和 5 万元/吨. 这两种产品均将造成环境污染, 设由公害所造成的损失可折算为: A 为 4 万元/吨, B 为 1 万元/吨. 由于条件限制, 工厂生产产品 A 和 B 的最大生产能力分别为每月 5 吨和 6 吨, 而市场需要这两种产品的总量每月不少于 7 吨. 试问工厂如何安排生产计划, 才使在满足市场需要的前提下, 设备投资和公害损失均达最小? 该工厂的决策者认为, 这两个目标中环境污染应优先考虑, 设备投资的目标值为 20 万元, 公害损失的目标为 12 万元.

建立数学模型:

设工厂每月生产产品 A 为 x_1 吨, B 为 x_2 吨, 设备投资费用为 $f(x_1)$, 公害损失费用为 $f(x_2)$, 则问题表达为多目标优化问题:

$$\min f_1(x) = 2x_1 + 5x_2$$
$$\min f_2(x) = 4x_1 + x_2$$
$$\text{s.t.} \begin{cases} x_1 \leqslant 5 \\ x_2 \leqslant 6 \\ x_1 + x_2 \geqslant 7 \\ x_1, x_2 \geqslant 0 \end{cases}$$

程序如下, 首先编辑目标函数 M 文件 ff12.m:

```
function f = ff12(x)
f(1) = 2*x(1)+5*x(2);
f(2) = 4*x(1)+x(2);
end
```

按给定目标取:

```
goal = [20,12];
weight = [20,12];
x0 = [2,2]
A = [1 0; 0 1;-1 -1];
b = [5 6 -7];
lb = zeros(2,1);
[x,fval,attainfactor,exitflag] = fgoalattain(@ff12,x0,goal,weight,A,b,[],[],lb,[])
```

运行结果如下:

```
x =
        2.916 7      4.083 3
fval =
            26.250 0      15.750 0
attainfactor =
                  0.312 5
exitflag =
              1
```

例 23 某工厂生产两种产品甲和乙,已知生产甲产品 100 kg 需 6 个工时,生产乙产品 100 kg 需 8 个工时. 假定每日可用的工时数为 48 工时. 这两种产品每 100 kg 均可获利 500 元. 由于乙产品较受欢迎,且有若干个老顾客要求每日供应他们乙种产品 500 kg,问应如何安排生产计划?

建立数学模型:

设生产甲、乙两种产品的数量分别为 x_1 和 x_2(以 kg 计),要使生产计划比较合理,应考虑用工时尽量少,获利尽量大.

其用多目标规划描述为:

$$\min f_1 = 6x_1 + 8x_2$$
$$\max f_2 = 100(x_1 + x_2)$$
$$\max f_3 = x_2$$
$$\text{s.t.} \begin{cases} 6x_1 + 8x_2 \leqslant 48 \\ x_2 \geqslant 5 \\ x_1, x_2 \geqslant 0 \end{cases}$$

将其标准化为:

$$\min f_1 = 6x_1 + 8x_2$$
$$\min (-f_2) = -100(x_1 + x_2)$$
$$\min (-f_3) = -x_2$$
$$\text{s.t.} \begin{cases} 6x_1 + 8x_2 \leqslant 48 \\ -x_2 \leqslant -5 \\ x_1, x_2 \geqslant 0 \end{cases}$$

程序如下,首先编辑目标函数 M 文件 ff13.m:

```
function f = ff13(x)
```

```
f(1) = 6*x(1)+8*x(2);
f(2) = -100*(x(1)+x(2));
f(3) = -x(2);
end
```

按给定目标取：

```
goal = [48 -100 0 -5];
weight = [48 -100 0 -5];
x0 = [2 2];
A = [6 8; 0 -1];
b = [48 -5];
lb = zeros(2,1);
[x,fval,attainfactor,exitflag] = fgoalattain(@ff13,x0,goal,weight,A,b,[],[],lb,[])
```

运行结果如下：

```
x =
      1.333 3      5.000 0
fval =
        48.000 0 -633.333 3     -5.000 0
attainfactor =
            1.633 8e-008
exitflag =
          1
```

即生产计划为每日生产甲产品 133.33 kg，生产乙产品 500 kg.

9.5 最大最小化模型

基本思想：在对策论中，我们常遇到这样的问题：在最不利的条件下，寻求最有利的策略. 在实际问题中也有许多求最大值的最小化问题. 例如，急救中心选址问题就是要规划其到所有地点的最大距离的最小值；在投资规划中要确定最大风险的最低限度，等等. 为此，对每个 $x \in \mathbf{R}$，我们先求诸目标值 $f_i(x)$ 的最大值，然后再求这些最大值中的最小值.

1. 最大最小化问题的数学模型

$$\min_x \max_{\{F_i\}} \{F_i(x)\}$$

$$\text{s.t.} \begin{cases} c(x) \leqslant 0 \\ ceq(x) = 0 \\ A \cdot x \leqslant b \\ Aeq \cdot x = beq \\ lb \leqslant x \leqslant ub \end{cases}$$

2. 求解函数及调用

求解最大最小化问题的函数为 fmininax.

调用格式：

    x = fminimax(F,x0,)

    x = fminimax(F,x0,,A,b)

    x = fminimax(F,x0,,A,b,Aeq,beq)

    x = fminimax(F,x0,,A,b,Aeq,beq,lb,ub)

    x = fminimax(F,x0,,A,b,Aeq,beq,lb,ub,nonlcon)

    x = fminimax(F,x0,,A,b,Aeq,beq,lb,ub,nonlcon,options)

    x = fminimax(F,x0,,A,b,Aeq,beq,lb,ub,nonlcon,options,P1,P2)

    [x,fval] = fminimax(⋯)

    [x,fval,maxfval] = fminimax(⋯)

    [x,fval,maxfval,exitflag,output] = fminimax(⋯)

    [x,fval,maxfval,exitflag,output,lambda] = fminimax(⋯)

说明：F 为目标函数；$x0$ 为初值；A, b 分别为线性不等式约束的矩阵与向量；Aeq, beq 分别为等式约束的矩阵与向量；lb, ub 分别为变量 x 的上、下界向量；nonlcon 为定义非线性不等式约束函数 $c(x)$ 和等式约束函数 $ceq(x)$；options 设置优化参数.

x 返回最优解；fval 返回解 x 处的目标函数值；maxfval 返回解 x 处的最大函数值；exitflag 描述计算的退出条件；output 返回包含优化信息的输出参数；lambda 返回包含拉格朗日乘子的参数.

3. 举　例

例 24　求解下列最大最小值问题：

$$\min \max[f_1(x), f_2(x), f_3(x), f_4(x)]$$
$$f_1(x) = 3x_1^2 + 2x_2^2 - 12x_1 + 35$$
$$f_2(x) = 5x_1x_2 - 4x_2 + 7$$
$$f_3(x) = x_1^2 + 6x_2$$
$$f_4(x) = 4x_1^2 + 9x_2^2 - 12x_1x_2 + 20$$

首先编辑 M 文件 ff14.m：

```
function f = ff14(x)
f(1) = 3*x(1)^2+2*x(2)^2-12*x(1)+35;
f(2) = 5*x(1)*x(2)-4*x(2)+7;
f(3) = x(1)^2+6*x(2);
f(4) = 4*x(1)^2+9*x(2)^2-12*x(1)*x(2)+20;
end
```

取初值 $x_0 = (1,1)$，调用优化函数：

```
x0 = [1 1];
[x,fval] = fminimax(@ff14,x0)
```

运行结果如下：

x =

    1.763 7   0.531 7

fval =

    23.733 1   9.562 1   6.301 0   23.733 1

例 25 选址问题.

设某城市有某种物品的 10 个需求点,第 i 个需求点 P_i 的坐标为 (a_i, b_i),道路网与坐标轴平行,彼此正交. 现打算建一个该物品的供应中心,由于受到城市某些条件的限制,该供应中心只能设在 x 界于[5, 8],y 界于[5, 8]的范围之内. 问该中心应建在何处为好?

P 点的坐标如表 9.5 所示.

表 9.5

a_i	1	4	3	5	9	12	6	20	17	8
b_i	2	10	8	18	1	4	5	10	8	9

建立数学模型:

设供应中心的位置为 (x, y),要求它到最远需求点的距离尽可能地小,此处,采用沿道路行走计算距离,可知,每个用户点 P_i 到该中心的距离为 $|x-a_i|+|y-b_i|$,于是有

$$\min_{x,y}\left\{\max\left[|x-a_i|+|y-b_i|\right]\right\}$$

$$\text{s.t.} \begin{cases} x \geq 5 \\ x \leq 8 \\ y \geq 5 \\ y \leq 8 \end{cases}$$

编程,首先编辑 M 文件 ff15.m:

```
function f = ff15(x)
a = [1 4 3 5 9 12 6 20 17 8];
b = [2 10 8 18 1 4 5 10 8 9];
f(1) = abs(x(1)-a(1))+abs(x(2)-b(1));
f(2) = abs(x(1)-a(2))+abs(x(2)-b(2));
f(3) = abs(x(1)-a(3))+abs(x(2)-b(3));
f(4) = abs(x(1)-a(4))+abs(x(2)-b(4));
f(5) = abs(x(1)-a(5))+abs(x(2)-b(5));
f(6) = abs(x(1)-a(6))+abs(x(2)-b(6));
f(7) = abs(x(1)-a(7))+abs(x(2)-b(7));
f(8) = abs(x(1)-a(8))+abs(x(2)-b(8));
f(9) = abs(x(1)-a(9))+abs(x(2)-b(9));
f(10) = abs(x(1)-a(10))+abs(x(2)-b(10));
end
```

然后用以下程序计算:

```
x0 = [6; 6];
AA = [-1   0
```

$$
\begin{array}{cc}
1 & 0 \\
0 & -1 \\
0 & 1];
\end{array}
$$

bb = [-5;8;-5;8];

[x,fval] = fminimax(@ff15,x0,AA,bb)

运行结果如下：

x =

  8

  8

fval =

  13   6   5   13   8   8   5   14   9   1

即在坐标为(8,8)处设置供应中心可以使该点到各需求点的最大距离最小，最小的最大距离为 14 单位.

9.6   (0-1)整数规划

1. 数学模型

$$
\min \boldsymbol{f}^{\mathrm{T}}\boldsymbol{x}
$$

$$
\text{s.t.}\begin{cases}
\boldsymbol{A}\cdot\boldsymbol{x}\leqslant\boldsymbol{b} \\
\text{Aeq}\cdot\boldsymbol{x}=\text{beq} \\
x_j=0,\text{ 或 }1,\ j=1,2,\cdots,n
\end{cases}
$$

2. 求解函数及调用

[X,fval,exitflag] = bintprog(f,A,b,Aeq,beq,x0,options)

输入说明：

f 为目标函数的系数向量；

A 为线性不等式约束的系数矩阵；

b 为线性不等式约束的常数向量；

Aeq 为线性等式约束的系数矩阵；

beq 为线性等式约束的常数向量；

x0 为算法初始迭代点；

options 设置算法参数.

输出说明：

x 为最优点（迭代停止点）；

fval 为最优点（迭代停止点）对应的函数值；

exitflag 结束算法信息.

3. 举   例

数学模型：

$$\min f = 100x_1 + 30x_2 + 40x_3 + 45x_4$$

$$\text{s.t.} \begin{cases} -50x_1 - 30x_2 - 25x_3 - 10x_4 \leqslant -20 \\ -7x_1 - 2x_2 - x_3 - 4x_4 \leqslant -4 \\ -2x_1 - x_2 - x_3 - 10x_4 \leqslant -4 \\ x_1 + x_2 + x_3 + x_4 = 3 \\ x_j = 0或1 \end{cases}$$

求解程序：

```
x0 = [0 0 0 0];
f = [100 30 40 45];
A = [-50 -30 -25 -10;-7 -2 -1 -4;-2 -1 -1 -10];
b = [-20;-4;-2];
Aeq = [1,1,1,1];
beq = 3;
[X,fval,exitflag] = bintprog(f,A,b,Aeq,beq,x0)
```

9.7   分派问题

1. 引　例

（1）任务分派问题. 有 n 个人恰好可承担 n 项任务，一项任务由一个人完成，一个人也只能完成一项任务. 由于每个人的能力及对各项任务的工作效率不同，如何分派任务才能使总工作效率最高就成为一个优化设计问题.

设 z 为总工作效率，c_{ij} 为第 i 个人完成第 j 项任务的工作效率，x_{ij} 为分派任务变量，即

$$x_{ij} = \begin{cases} 1, & 分派第i个人去完成第j项任务 \\ 0, & 不分派第i个人去完成第j项任务 \end{cases}$$

（2）分派问题的数学模型：

$$\min z = \sum_{i=1}^{n} \sum_{j=1}^{n} c_{ij} x_{ij}$$

$$\text{s.t.} \begin{cases} \sum_{j=1}^{n} x_{ij} = 1, & (i = 1, 2, \cdots, n) \\ \sum_{i=1}^{n} x_{ij} = 1, & (j = 1, 2, \cdots, n) \\ x_{ij} = 0或1 \end{cases}$$

分派问题是一个(0-1)规划问题，要将该模型化为标准形式，需将决策变量由双下标改成单下标的向量形式. 于是构造如下分派问题的求解函数（参数 C 为分派问题的效率矩阵）：

```
function [y,fval] = fpwt(C)     %C 为指派 n*n 效率矩阵

C = C';
f = C(:);                        %生成一个列向量，作为目标函数系数
```

```
[m,n] = size(C);
Aeq = zeros(2*n,n*n);              %2*n 个等式约束，n*n 个变量
for i = 1:n                        %生成的是后四个等式约束的左端项
    Aeq(1:n,1+(i-1)*n:i*n) = eye(n,n);
end
for i = 1:n                        %生成前四个等式约束左端项
    Aeq(i+n,1+(i-1)*n:i*n) = ones(1,n);
end
beq = ones(2*n,1);
lb = zeros(n*n,1);
ub = ones(n*n,1);
x = linprog(f',[],[],Aeq,beq,lb,ub);    %线性规划函数
y = reshape(x,n,n);                      %将上式求出的 x 值变成 n 阶矩阵
y = y';
y = round(y);                            %对 y 元素取整，生成匹配矩阵
sol = zeros(n,n);
for i = 1:n
    for j = 1:n
        if y(i,j) = = 1
            sol(i,j) = C(j,i);%匹配矩阵
        end
    end
end
fval = sum(sol(:));
end
```

2. 实　例

某公司有五个工程队，分别是甲、乙、丙、丁、戊，分派到 A, B, C, D, E 这五个工地去完成相应的任务，每个队只能去一个工地，每个工地只能用一个工程队. 依照经验知各工程队单独完成每项任务所需时间如表 9.6 所示.

表 9.6

	A	B	C	D	E
甲	32	17	34	38	25
乙	21	31	21	36	19
丙	24	29	40	22	39
丁	26	35	41	28	23
戊	33	27	31	33	22

如何分派才使总用时最少?

数学模型：设 z 为总工作时间，c_{ij} 为第 i 个工程队完成第 j 个工地任务的工作时间，x_{ij} 为分派任务变量，即

$$x_{ij} = \begin{cases} 1, & \text{分派第}i\text{个工程队去完成第}j\text{个工地任务} \\ 0, & \text{不分派第}i\text{个工程队去完成第}j\text{个工地任务} \end{cases}$$

$$\min z = \sum_{i=1}^{n}\sum_{j=1}^{n} c_{ij} x_{ij}$$

$$\text{s.t.} \begin{cases} \sum_{j=1}^{n} x_{ij} = 1, & (i = 1, 2, \cdots, n) \\ \sum_{i=1}^{n} x_{ij} = 1, & (j = 1, 2, \cdots, n) \\ x_{ij} = 0\text{或}1 \end{cases}$$

其中 $c = \begin{pmatrix} 32 & 17 & 34 & 36 & 25 \\ 21 & 31 & 31 & 22 & 19 \\ 24 & 29 & 46 & 27 & 39 \\ 26 & 35 & 41 & 22 & 26 \\ 33 & 27 & 31 & 42 & 33 \end{pmatrix}$.

调用解分派问题的函数：

[fp,fval] = fpwt(C)

计算结果如下：

fp =

0	1	0	0	0
0	0	0	0	1
1	0	0	0	0
0	0	0	1	0
0	0	1	0	0

fval =

113

9.8 曲线拟合

引例 温度曲线问题.

气象部门观测到一天某些时刻的温度变化数据，如表 9.7 所示，试描绘出温度变化曲线.

表 9.7

t	0	1	2	3	4	5	6	7	8	9	10
T	13	15	17	14	16	19	26	24	26	27	29

曲线拟合就是计算出两组数据之间的一种函数关系，由此可描绘其变化曲线及估计非采集数据对应的变量信息.

曲线拟合有多种方式，下面是对一元函数采用最小二乘法对给定数据进行多项式曲线拟合，最后给出拟合的多项式系数.

1. 线性拟合函数：regress( )

调用格式：

    b = regress(y,X)

    [b,bint,r,rint,stats] = regress(y,X)

    [b,bint,r,rint,stats] = regress(y,X,alpha)

说明：b = regress(y,X) 返回 X 处 y 的最小二乘拟合值. 该函数求解线性模型：

$$y = X\beta + \varepsilon$$

式中 β 是 $p \times 1$ 的参数向量；ε 是服从标准正态分布的随机干扰的 $n \times 1$ 向量；y 为 $n \times 1$ 向量；X 为 $n \times p$ 矩阵.

bint 返回 β 的 95% 的置信区间；r 为形状残差；rint 返回每一个残差的 95% 置信区间；stats 向量包含 R^2 统计量、回归的 F 值和 p 值.

例 26 设 y 值由给定的 x 的线性函数加上服从标准正态分布的随机干扰值得到，即 $y = 10 + x + \varepsilon$. 求线性拟合方程系数.

程序如下：

```
X = [ones(10,1),(1:10)']
y = X*[10;1]+normrnd(0,0.1,10,1)
[b,bint] = regress(y,X,0.05)
```

运行结果如下：

```
X =
     1     1
     1     2
     1     3
     1     4
     1     5
     1     6
     1     7
     1     8
     1     9
     1    10
y =
    11.0538
    12.1834
    12.7741
    14.0862
```

15.0319

15.8692

16.9566

18.0343

19.3578

20.2769

b =

9.9298

1.0241

bint =

9.6604   10.1992

0.9807   1.0675

即回归方程为

$$y = 9.9298 + 1.024\,1x$$

2. 多项式曲线拟合函数：polyfit()

调用格式：

p = polyfit(x,y,n)

[p,s] = polyfit(x,y,n)

说明：x,y 为数据点；n 为多项式阶数；返回 p 为幂次从高到低的多项式系数向量；矩阵 s 用于生成预测值的误差估计.（见下一函数 polyval）

例 27　由离散数据（见表 9.8）拟合出多项式.

表 9.8

x	0	0.1	0.2	0.3	0.4	0.5	0.6	0.7	0.8	0.9	1
y	0.3	0.5	1	1.4	1.6	1.9	0.6	0.4	0.8	1.5	2

程序如下：

```
x = 0:0.1:1;
y = [.3 .5 1 1.4 1.6 1.9 .6 .4 .8 1.5 2]
n = 3;
p = polyfit(x,y,n)
xi = linspace(0,1,100);
z = polyval(p,xi);          %多项式求值
plot(x,y,'o-',xi,z,'k:')
legend('原始数据', '3 阶曲线')
```

运行结果如下：

p =

16.7832   -25.7459   10.9802   -0.0035

多项式函数为：

$$16.7832x^3-25.7459x^2+10.9802x-0.0035$$

曲线拟合图形如图 9.2 所示.

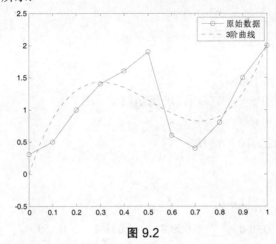

图 9.2

此题也可由函数给出数据.

例 28 x 取 1~20 的整数，$y = x+3\sin(x)$.

程序如下：

```
x = 1:20;
y = x+3*sin(x);
p = polyfit(x,y,6);
xi = linspace(1,20,100);
z = polyval(p,xi);          %多项式求值函数
plot(x,y,'o-',xi,z,'k:')
legend('原始数据', '6 阶曲线')
```

运行结果如下：

```
    p =
        0.000 0    -0.002 1    0.050 5    -0.597 1    3.647 2    -9.729 5    11.330 4
```

其图形如图 9.3 所示.

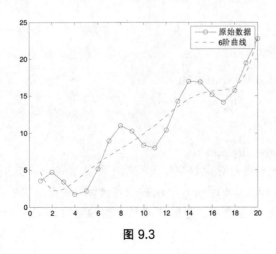

图 9.3

再用 10 阶多项式拟合.

程序如下:

```
x = 1:20;
y = x+3*sin(x);
p = polyfit(x,y,10);
xi = linspace(1,20,100);
z = polyval(p,xi);          %多项式求值函数
plot(x,y,'o-',xi,z,'k:')
legend('原始数据', '10 阶曲线')
```

运行结果如下:

```
p =
     Columns 1 through 7
     0.000 0    -0.000 0     0.000 4     -0.011 4     0.181 4     -1.806 5     11.236 0
     Columns 8 through 11
     -42.086 1     88.590 7    -92.815 5     40.267 1
```

其图形如图 9.4 所示.

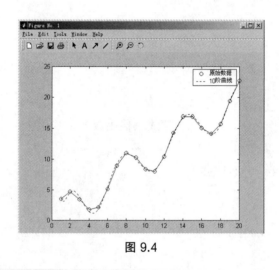

图 9.4

可用不同阶的多项式来拟合数据, 但也不是阶数越高拟合得越好, 因为高阶拟合在边缘处阶跃较大, 不适合预测.

3. 多项式曲线求值函数: polyval( )

调用格式:

```
y = polyval(p,x)
[y,DELTA] = polyval(p,x,s)
```

说明: y = polyval(p,x)返回对应自变量 x 在给定系数 p 的多项式的值.

[y,DELTA] = polyval(p,x,s)使用 polyfit 函数的选项输出 s 得出误差估计 $Y \pm$ DELTA. 它假设 polyfit 函数数据输入的误差是独立正态的, 并且方差为常数, 则 $Y \pm$ DELTA 将至少包含 50% 的预测值.

4. 多项式曲线拟合的评价和置信区间函数：polyconf( )

调用格式：

    [Y,DELTA] = polyconf(p,x,s)

    [Y,DELTA] = polyconf(p,x,s,alpha)

说明：[Y,DELTA] = polyconf(p,x,s)使用 polyfit 函数的选项输出 s 给出 Y 的 95%的置信区间 $Y\pm$ DELTA. 它假设 polyfit 函数数据输入的误差是独立正态的，并且方差为常数. 1–alpha 为置信度.

例 29 给出例 26 的预测值及置信度为 90%的置信区间.

程序如下：

    x = 0:0.1:1;
    y = [.3 .5 1 1.4 1.6 1.9 .6 .4 .8 1.5 2]
    n = 3;
    [p,s] = polyfit(x,y,n)
    alpha = 0.05;
    [Y,DELTA] = polyconf(p,x,s,alpha)

运行结果如下：

    p =
        16.783 2   -25.745 9   10.980 2   -0.003 5
    s =
        R：[4x4 double]
        Df:7
        normr：1.140 6
    Y =
        Columns 1 through 7
        -0.003 5   0.853 8   1.297 0   1.426 6   1.343 4   1.148 0   0.941 3
        Columns 8 through 11
        0.823 8   0.896 3   1.259 4   2.014 0
    DELTA =
        Columns 1 through 7
        1.363 9   1.156 3   1.156 3   1.158 9   1.135 2   1.120 2   1.135 2
        Columns 8 through 11
        1.158 9   1.156 3   1.156 3   1.363 9

5. 稳健回归函数：robust()

稳健回归是指此回归方法相对于其他回归方法而言，受异常值的影响较小.

调用格式：

    b = robustfit(x,y)

    [b,stats] = robustfit(x,y)

    [b,stats] = robustfit(x,y, 'wfun',tune, 'const')

说明：b 返回系数估计向量；stats 返回各种参数估计；'wfun'指定一个加权函数；tune 为调协常数；'const'的值为'on'（默认值）时添加一个常数项，为'off'时忽略常数项.

例 30　演示一个异常数据点如何影响最小二乘拟合值与稳健拟合. 首先利用函数 $y = 10-2x$ 加上一些随机干扰的项生成数据集，然后改变一个 y 值形成异常值. 调用不同的拟合函数，通过图形观查其影响程度.

程序如下：

```
x = (1:10)';
y = 10-2*x+randn(10,1);
y(10) = 0;
bls = regress(y,[ones(10,1),x])      %线性拟合
brob = robustfit(x,y)           %稳健拟合
scatter(x,y)
hold on
plot(x,bls(1)+bls(2)*x,':')
plot(x,brob(1)+brob(2)*x,'r')
```

运行结果如下：

```
bls =
        8.445 2
       -1.478 4
brob =
         10.293 4
         -2.000 6
```

其图形如图 9.5 所示.

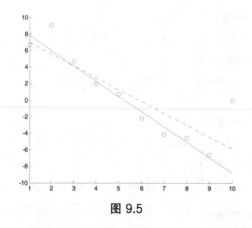

图 9.5

分析：稳健拟合（实线）对数据的拟合程度好些，忽略了异常值. 最小二乘拟合（点线）则受到异常值的影响，向异常值偏移.

6. 向自定义函数拟合

对于给定的数据，根据经验拟合，为带有待定常数的自定义函数.

所用函数：nlinfit()

调用格式：[beta,r,J] = nlinfit(X,y, 'fun',beta0)

说明：beta 返回函数'fun'中的待定常数；r 表示残差；J 表示雅可比矩阵. X, y 为数据；'fun' 自定义函数；beta0 待定常数初值.

例 31 在化工生产中获得的氯气的级分 y 随生产时间 x 下降. 假定在 $x \geq 8$ 时，y 与 x 之间有如下形式的非线性模型

$$y = a + (0.49 - a)e^{-b(x-8)}$$

现收集了 44 组数据，利用该数据通过拟合确定非线性模型中的待定常数.

x	y	x	y	x	y
8	0.49	16	0.43	28	0.41
8	0.49	18	0.46	28	0.40
10	0.48	18	0.45	30	0.40
10	0.47	20	0.42	30	0.40
10	0.48	20	0.42	30	0.38
10	0.47	20	0.43	32	0.41
12	0.46	20	0.41	32	0.40
12	0.46	22	0.41	34	0.40
12	0.45	22	0.40	36	0.41
12	0.43	24	0.42	36	0.36
14	0.45	24	0.40	38	0.40
14	0.43	24	0.40	38	0.40
14	0.43	26	0.41	40	0.36
16	0.44	26	0.40	42	0.39
16	0.43	26	0.41		

首先定义非线性函数的 M 文件：fff6.m

```
function yy = model(beta0,x)
a = beta0(1);
b = beta0(2);
yy = a+(0.49-a)*exp(-b*(x-8));
end
```

程序如下：

```
x = [8.00 8.00 10.00 10.00 10.00 10.00 12.00 12.00 12.00 14.00 14.00 14.00...
    16.00 16.00 16.00 18.00 18.00 20.00 20.00 20.00 20.00 22.00 22.00 24.00...
    24.00 24.00 26.00 26.00 26.00 28.00 28.00 30.00 30.00 30.00 32.00 32.00...
    34.00 36.00 36.00 38.00 38.00 40.00 42.00]';
y = [0.49 0.49 0.48 0.47 0.48 0.47 0.46 0.46 0.45 0.43 0.45 0.43 0.43 0.44 0.43...
    0.43 0.46 0.42 0.42 0.43 0.41 0.41 0.40 0.42 0.40 0.40 0.41 0.40 0.41 0.41...
    0.40 0.40 0.40 0.38 0.41 0.40 0.40 0.41 0.38 0.40 0.40 0.39 0.39]';
```

```
beta0 = [0.30 0.02];
betafit = nlinfit(x,y, 'sta67_1m',beta0)
```
运行结果如下：
```
betafit =
        0.389 6
        0.101 1
```
即 $a = 0.3896$，$b = 0.1011$，拟合函数为

$$y = 0.3896 + (0.49 - 0.3896)e^{-0.1011(x-8)}$$

9.9　插值问题

在应用领域中，由有限个已知数据点，构造一个解析表达式，由此计算数据点之间的函数值，称之为插值.

引例　海底探测问题.

某公司用声呐对海底进行测试，在 5×5 海里的坐标点上测得海底深度的值，希望通过这些有限的数据了解海底更多处的情况，并绘出较细致的海底曲面图.

1. 一元插值

一元插值是对一元数据点(x_i, y_i)进行插值.

线性插值：由已知数据点连成一条折线，认为相邻两个数据点之间的函数值就在这两点之间的连线上. 一般来说，数据点数越多，线性插值就越精确.

调用格式：

```
yi = interp1(x,y,xi, 'linear')      %线性插值
zi = interp1(x,y,xi, 'spline')      %三次样条插值
wi = interp1(x,y,xi, 'cubic')       %三次多项式插值
```

说明：yi, zi, wi 为对应 x_i 的不同类型的插值；x, y 为已知数据点.

例 32　已知数据（见表 9.9），求当 $x_i = 0.25$ 时 y_i 的值.

表 9.9

x	0	0.1	0.2	0.3	0.4	0.5	0.6	0.7	0.8	0.9	1
y	0.3	0.5	1	1.4	1.6	1.9	0.6	0.4	0.8	1.5	2

程序如下：

```
x = 0:0.1:1;
y = [.3 .5 1 1.4 1.6 1 .6 .4 .8 1.5 2];
yi0 = interp1(x,y,0.025, 'linear')
xi = 0:0.02:1;
yi = interp1(x,y,xi, 'linear');
```

· 230 ·

```
zi = interp1(x,y,xi, 'spline');
wi = interp1(x,y,xi, 'cubic');
plot(x,y, 'o',xi,yi, 'r+',xi,zi, 'g*',xi,wi, 'k.-')
legend('原始点', '线性点', '三次样条', '三次多项式')
```

运行结果如下：

  yi0 =

    0.350 0

其图形如图 9.6 所示.

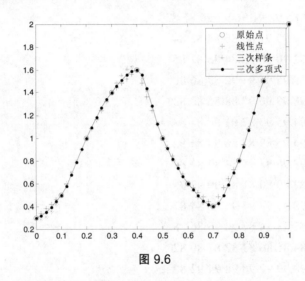

图 9.6

要得到给定的几个点的对应函数值，可用：

  xi = [0.250 0 0.350 0 0.450 0]

  yi = interp1(x,y,xi, 'spline')

运行结果如下：

  yi =

    1.208 8 1.580 2 1.345 4

2. 二元插值

  二元插值与一元插值的基本思想一致，对原始数据点 (x, y, z) 构造函数以求出插值点数据 (x_i, y_i, z_i).

（1）单调节点插值函数，即 x, y 向量是单调的.

调用格式 1：zi = interp2(x,y,z,xi,yi, 'linear')

'liner'是双线性插值（缺省）

调用格式 2：zi = interp2(x,y,z,xi,yi, 'nearest')

'nearest' 是最近邻域插值

调用格式 3：zi = interp2(x,y,z,xi,yi, 'spline')

'spline'是三次样条插值

说明：这里 x 和 y 是两个独立的向量，它们必须是单调的. z 是矩阵，由 x 和 y 确定其点

上的值. z 和 x, y 之间的关系是

$$z(i, :) = f(x, y(i)), \quad z(:, j) = f(x(j), y)$$

即当 x 变化时，z 的第 i 行与 y 的第 i 个元素相关；当 y 变化时，z 的第 j 列与 x 的第 j 个元素相关. 如果没有对 x, y 赋值，则默认 $x = 1:n$，$y = 1:m$. n 和 m 分别是矩阵 z 的行数和列数.

例 33 已知某地山区地形选点测量的坐标数据为：

$x =$ 0 0.5 1 1.5 2 2.5 3 3.5 4 4.5 5

$y =$ 0 0.5 1 1.5 2 2.5 3 3.5 4 4.5 5 5.5 6

海拔高度数据为：

$z =$ 89 90 87 85 92 91 96 93 90 87 82

　　92 96 98 99 95 91 89 86 84 82 84

　　96 98 95 92 90 88 85 84 83 81 85

　　80 81 82 89 95 96 93 92 89 86 86

　　82 85 87 98 99 96 97 88 85 82 83

　　82 85 89 94 95 93 92 91 86 84 88

　　88 92 93 94 95 89 87 86 83 81 92

　　92 96 97 98 96 93 95 84 82 81 84

　　85 85 81 82 80 80 81 85 90 93 95

　　84 86 81 98 99 98 97 96 95 84 87

　　80 81 85 82 83 84 87 90 95 86 88

　　80 82 81 84 85 86 83 82 81 80 82

　　87 88 89 98 99 97 96 98 94 92 87

对数据插值加密形成地貌图（见图 9.7）.

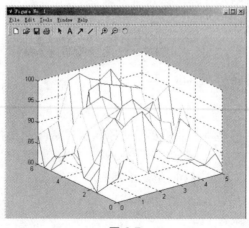

图 9.7

程序如下：

```
x = 0:0.5:5;
y = 0:0.5:6;
```

```
z = [89 90 87 85 92 91 96 93 90 87 82
    92 96 98 99 95 91 89 86 84 82 84
    96 98 95 92 90 88 85 84 83 81 85
    80 81 82 89 95 96 93 92 89 86 86
    82 85 87 98 99 96 97 88 85 82 83
    82 85 89 94 95 93 92 91 86 84 88
    88 92 93 94 95 89 87 86 83 81 92
    92 96 97 98 96 93 95 84 82 81 84
    85 85 81 82 80 80 81 85 90 93 95
    84 86 81 98 99 98 97 96 95 84 87
    80 81 85 82 83 84 87 90 95 86 88
    80 82 81 84 85 86 83 82 81 80 82
    87 88 89 98 99 97 96 98 94 92 87];
mesh(x,y,z)                          %绘原始数据图
xi = linspace(0,5,50);               %加密横坐标数据到 50 个
yi = linspace(0,6,80);               %加密纵坐标数据到 60 个
[xii,yii] = meshgrid(xi,yi);         %生成网格数据
zii = interp2(x,y,z,xii,yii, 'cubic');  %插值
mesh(xii,yii,zii)                    %加密后的地貌图
hold on                              %保持图形
[xx,yy] = meshgrid(x,y);             %生成网格数据
plot3(xx,yy,z+0.1, 'ob')             %原始数据用'O'绘出
```

其图形如图 9.8 所示.

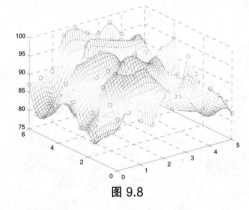

图 9.8

（2）二元非等距插值.

调用格式:

$\qquad$ zi = griddata(x,y,z,xi,yi, '指定插值方法')

插值方法有:

$\qquad$ linear $\qquad$ % 线性插值 (默认)

$\qquad$ bilinear $\qquad$ % 双线性插值

cubic	% 三次插值
bicubic	% 双三次插值
nearest	% 最近邻域插值

例 34 用随机数据生成地貌图再进行插值.

程序如下 :

```
x = rand(100,1)*4-2;
y = rand(100,1)*4-2;
z = x.*exp(-x.^2-y.^2);
ti = -2:0.25:2;
[xi,yi] = meshgrid(ti,ti);        %加密数据
zi = griddata(x,y,z,xi,yi);       %线性插值
mesh(xi,yi,zi)
hold on
plot3(x,y,z,'o')
```

其图形如图 9.9 所示.

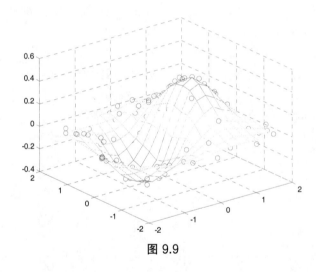

图 9.9

例 34 使用的数据是随机形成的, 故函数 griddata 可以处理无规则的数据.

9.10 本章常用函数

函数调用格式	功能作用
[x,favl] = linprog(f,A,b,Aeq,beq,lb,ub,x0)	线性规划求解
[x,favl] = fminunc(fun,x0,options,P1,P2)	非线性规划求解
[x,favl] = quadprog(H,f,A,b,Aeq,beq,lb,ub)	二次规划求解
[x,favl] = fminimax(F,x0,,A,b,Aeq,beq)	最大最小化求解
[p,s] = polyfit(x,y,n)	多项式曲线拟合

[b,stats] = robustfit(x,y)	回归函数
[beta,r,J] = nlinfit(X,y, 'fun',beta0)	自定义函数拟合
yi = interp1(x,y,xi, 'linear')	线性插值
zi = interp1(x,y,xi, 'spline')	三次样条插值
wi = interp1(x,y,xi, 'cubic')	三次多项式插值
zi = interp2(x,y,z,xi,yi, '插值类型参数')	二元插值
zi = griddata(x,y,z,xi,yi, '插值类型参数')	二元非等距插值

第 10 章　课程实验课题

实验作业要求:

1. 将作业题目的所有程序编辑在一个 m 文件中. 文件名格式举例: sy120254321zq (第一部分 sy1 是实验课题代号, 第二部分 20254321 是学生学号, 第三部分 zq 是学生名字张强的拼音缩写).

2. 将作业的第一行用注释标明 m 文件名, 以方便复制运行. 例: %sy120254321zq; 每题题号用注释标明题号. 例: %第一大题%1.1

3. 将每题运行所得的答案整理紧凑, 并用%注释粘贴在该题程序下面. (选定多行用 ctrl+r 同时加%)

4. 交作业时将程序 m 文件发到老师指定邮箱.

5. 请写电邮主题为作业文件名: sy120254321zq.

6. 作业请按要求时间完成发送.

10.1 软件入门基础实验

打开 m 文件编辑器做以下题目.

第一大题　编程完成下列计算.

1.1　当 $x = 3, x = 2\pi$ 时, 求 $y1 = \sin(x) + \mathrm{e}^x$ 的值.

1.2　用冒号法生成等差数列 $x = 2, 4, 6, 8, 10$, 求对应的函数 $y2 = x^2 + \sqrt{2x}$ 的值.

1.3　已知: $a = 2\pi, b = \dfrac{\pi}{3}, c = \mathrm{e}^2$, 计算:

$$y31 = \sin\left(\frac{a}{5}\right) + \cos(b) \times c ; \quad y32 = \tan(b)\cot\left(\frac{a}{3}\right)$$

1.4　将数据格式转换成有理格式后, 清屏后重新显示 $a, b, c, y31, y32$ (提示: format ra, 清屏 clc)

1.5　$a_1 = -6.28$, $a_2 = 7.46$, $a_3 = 5.37$, 将 a_1, a_2, a_3 分别向零取整后赋给 a_{11}, a_{21}, a_{31}. (提示: fix)

1.6　由上题的已知数据计算: $y61 = |a_1 a_2 + a_3|$, $y62 = a_1^2 \sqrt{\dfrac{a_2 \cdot a_3}{2}}$.

1.7　保存工作空间变量到文件 sy1, 删除所有变量. (提示: 保存 save sy1 ; 删除 clear)

1.8　从保存的文件中调出所有变量并显示. (提示: load sy1)

1.9 作矩阵：

$$A = \begin{pmatrix} 2 & -5 & 6 \\ 8 & 3 & 1 \\ -4 & 6 & 9 \end{pmatrix}$$

计算 $A1 = A'$（转置）；$A2 = |A|$（行列式）；$A3 = 5 \times A$（数乘矩阵）.

将生成的 $A1, A2, A3$ 存入文件 sy1.（提示：save sy1 $A1$ $A2$ $A3$）

第二大题 编程完成下列计算.

2.1 将数据格式转换成实型短格式，（提示：format 默认为短格式）

2.2 做一个函数列表 S，第一列是角度变量 x 以 $\pi/10$ 为步长从 0 到 2π 取值，第二列是 $y = \cos(x)$ 的函数值.（提示：x = 0:pi/10:2*pi; y = cos(x);S = [x',y']）

2.3 已知三角形的三个边长分别为 a, b, c，求三角形的面积 $A3$. 其公式为：

$$A3 = \sqrt{s(s-a)(s-b)(s-c)}, \quad s = (a+b+c)/2$$

要求编写计算三角形面积的通用程序，运行程序时用键盘输入边长 $a = 5.3$，$b = 7.4$，$c = 9.5$ 时，计算三角形面积 $A3$.(注意：三角形边长数据要求两边和大于第三边)

10.2 条件与循环语句编程实验

第一大题 建立数组，构造函数求对应的函数值.

1.1 $x_1 = (3,5,-1,2,8,12)$，$y1 = 3x_1^2 + e^{x_1} - x_1 + 2$.

1.2 $x_2 = (-2,-1,0,1,2,3,4)$，$y2 = \dfrac{\sin(x_2 + 2) - 1}{x_2^3 + 6}$.

第二大题 运用条件控制语句编写程序.

2.1 构造由键盘输入 x 的值，由分段函数 $y1$ 确定函数值

$$y1 = \begin{cases} 2x - \sin(4x), & x \leqslant 0 \\ e^x + x^3, & x < 0 \end{cases}$$

在两次运行时，由键盘分别输入值 $x = 2\pi$，$x = -12$，由程序得出相应 $y1$ 的函数值.

2.2 构造由键盘输入 x 的值，由分段函数

$$y2 = \begin{cases} 5x + 3, & x > 0 \\ 3x^2, & x < 0 \\ 4, & x = 0 \end{cases}$$

确定函数值，在两次运行时，由键盘分别输入值 $x = 45, x = -32$ 时 $y2$ 的值.

第三大题 构造函数式 M 文件 f3.m. 函数表达式为

$$y3 = \begin{cases} \ln(2x), & x > 0 \\ 2x^3 - x + 5, & x \leqslant 0 \end{cases}$$

调用函数求 $f3(-4), f3(0), f3(2), f3(5)$，并将这四个函数值放在向量 $Z3$ 中.

第四大题 运用条件语句、循环语句等基本编程语句编程.

4.1 用 for 循环语句编程,计算 1 与 100 之间的奇数之和 jsum 及偶数之和 osum.

4.2 用 while 循环循环语句编程,计算 1 与 1000 之间满足"用 3 除余 2,用 5 除余 3,用 7 除余 2"的数构成的数组 $x2$.

4.3 由 for 循环构造矩阵 $A3$:

$$A3 = \begin{pmatrix} 5 & 2 & 1 & 1 & 1 & 1 \\ 2 & 5 & 2 & 1 & 1 & 1 \\ 1 & 2 & 5 & 2 & 1 & 1 \\ 1 & 1 & 2 & 5 & 2 & 1 \\ 1 & 1 & 1 & 2 & 5 & 2 \\ 1 & 1 & 1 & 1 & 2 & 5 \end{pmatrix}$$

4.4 用 for 循环由数组 $t = 3, 2, 5, 4, -2, -3$ 生成的范德蒙矩阵.(范德蒙矩阵的第 i 行是数组的 $i-1$ 次方)

4.5 用 while 循环构造求调和级数 $\sum_{k=1}^{n} \frac{1}{k}$ 的前 n 项和,项数由键盘输入,并求出 $n = 15$, $n = 20$ 时的和 $S15$ 与 $S20$.

4.6 用循环求费波那契数列的前 40 个数,以 4 个数为一行排成 10×4 的数阵 F.(费波那契数列的第一项、第二项是 1,从第三项起各项是其前两项的和)

4.7 键盘输入 a 的值与项数 n,编程实现如下 n 项和 S_n:

$$S_n = a + \overline{aa} + \cdots + \underbrace{\overline{aa\cdots a}}_{n \uparrow a}$$

当 $a = 2$, $n = 6$ 时,求 S_n(即:$2 + 22 + 222 + 2222 + 22222 + 222222$)

4.8 求 200 以内的素数.

第五大题 运用多分枝控制语句编程.

5.1 用 switch 语句编程自动转换成绩制式功能. 实现输入百分制的成绩,输出 90～100 为优秀,70～89 为良好,60～69 为及格,60 以下为不及格的等级制成绩.

5.2 用 switch 语句编程物流运输公司对用户计算运费,距离 s 越远,每千米运费越低. 折扣标准如下:

s<250km	没折扣
250≤s<500	2%折扣
500≤s<1000	5%折扣
1000≤s<2000	8%折扣
2000≤s<3000	10%折扣
3000≤s	15%折扣

设每千米每吨货物基本运费为 p,货物重为 w,距离为 s,折扣为 d,则编程计算总费用 f. 其 f 的计算模型为:

$$f = p \times w \times s \times (1 - d)$$

若基本运费 50 元/kg·km,计算某客户有货物重为 3000 kg,运送距离为 1500 km,运费应付多少?

10.3　向量与曲线绘图实验

第一大题　向量的创建与运算.

1.1　用元素输入法创建向量 $x_{11} = (2 \quad -5 \quad 8 \quad -1 \quad 7 \quad 1 \quad -8 \quad 3 \quad 2 \quad 5 \quad 9)$.

1.2　用冒号输入法创建向量 $x_{12} = (2 \quad 4 \quad 6 \quad 8 \quad 10 \quad 12 \quad 14 \quad 16 \quad 18 \quad 20 \quad 22)$.

1.3　用等分取值法创建向量 x_{13}，其初值为 0，终值为 2π，共 20 个元素.

1.4　用随机输入法创建 8 维行向量 x_{14}.

1.5　用随机输入法创建 6 维整数列向量 x_{15}.

1.6　取向量 x_{11} 的绝对值大于 3 的元素构成向量 x_{16}.

1.7　求空间两点间的距离 $M_1(5, 4, 9), M_2(8, 6, 3)$.

1.8　做向量的线性运算：$x_{18} = 4 + x_{11} + 7x_{12}$.

1.9　做向量的数量积：$x_{19} = x_{11} \cdot x_{12}$.

1.10　分别取 x_{11} 与 x_{12} 的前三个元素做向量的向量积赋给 x_{10}.

第二大题　曲线绘图.

2.1　构造坐标向量绘出"田"字的图形（先给出构成字的数据点坐标）

2.2　绘制向量 $y = [4\ 5\ 5\ 3\ 2\ 3\ 5\ 6\ 7\ 8]$ 的数据折线图形.（提示：plot(y)）

2.3　数据数组 $x23 = (0.1\ 0.11\ 0.12\cdots10)$，函数 $y23 = 30/x23$，绘出函数曲线图形.

2.4　数据数组 $x24$ 为区间 $[-5,5]$ 上等分的 30 个点列，绘出函数 $y24 = 5 \cdot x24 \cdot \cos(x24)$ 的曲线图.

2.5　数据数组 $x25$ 是 $[-2\pi, 2\pi]$ 上等分插入的 50 个点，在同一块图形窗口绘出蓝色、数据点 o、实线线型的 $y25 = \sin(x25)$ 和红色、数据点 *、虚线线型的 $z25 = \cos(x25)$.

2.6　绘隐函数方程 $x^2 + \sin(x \cdot y) = e^x$ 确定的曲线.

2.7　连续函数绘图法，分割图形窗口为 2 行 3 列，每块中当 $x \in [-8,8]$，用不同的颜色和线型画出：

$$f_1 = 3x^2 ; \quad f_2 = e^{x+1} ; \quad f_3 = \cos(4x - 6)$$
$$f_4 = x\sin(2x) ; \quad f_5 = \ln(x^2 + 3) ; \quad f_6 = 2x^3 + 4x^2 - 6x + 1$$

的图. 并在每一块上的图形名标明函数表达式.

第三大题　参数方程与极坐标绘图.

3.1　用参数方程绘椭圆图形，长轴 a 和短轴 b 由键盘输入（自行给数据），在图中心写椭圆方程.

3.2　按要求选取 t 的范围，用不同颜色分块绘制下列极坐标图形：

曲线：$r = \cos(t/3)$，$0 \leqslant t \leqslant 4\pi$；

对数螺线：$r = e^{0.3t}$，$0 \leqslant t \leqslant 5\pi$；

双曲螺线：$rt - 4 = 0$，$0.6\pi \leqslant t \leqslant 6\pi$.

第四大题　创意图.

用鼠标选点法，键盘输入欲绘画的笔数 k，编程创作一幅有主题的画作，并可实现重绘.

10.4 曲面绘图与统计图实验

第一大题 编程作下列曲面绘图.

1.1 用数值型绘图函数 plot3(x,y,z)（插入 100 个点）画三维螺旋线 l 的图形.

$$l: \begin{cases} x = \cos(t), \\ y = \sin(t), \quad 0 \leqslant t \leqslant 8\pi \\ z = t, \end{cases}$$

1.2 用平面曲线 $r = 2 + \cos(t) + \sin(t)$ ，$t \in (0,\pi)$ 绘制旋转曲面.

1.3 用离散数据法在直角坐标绘制双曲抛物面网线曲面图：$z2 = xy$ ，(−3<x<3, −3<y<3).

1.4 用连续函数法在直角坐标绘制表面曲面图：$z3 = \sqrt{x^2 - 2y}$ ，(−5<x<5, −5<y<5).

1.5 用连续函数法直角坐标绘制修饰过的光滑曲面图：$z4 = \sin(x) - \cos(y)$ ，其中 x 与 y 的取值在 (−π, π).

1.6 用连续函数绘图方法绘制曲面 $z5 = x^2 + y^2 + 6\sin(2x)$ ，$x \in [-2\pi, 2\pi]$，$y \in [-2\pi, 2\pi]$，并作图形修饰.

1.7 用球坐标画出上半圆锥面 $z = \sqrt{x^2 + y^2}$ ，并作图形修饰.

1.8 绘制由隐函数给出的平面闭曲线 $(x-1)^2 + (y-4)^2 = 1$ 绕 x 轴旋转成的曲面图. 首先化曲面的参数方程为：

$$\begin{cases} x = 1 + \cos(t) \\ y = (4 + \sin t)\cos(w) \\ z = (4 + \sin t)\sin(w) \end{cases}$$

第二大题 按要求作下列问题的统计图.

2.1 $x21$ 是 1~10 的 10 维自然数构成的向量，$y21$ 是随机产生的 10 维整数向量，画出条形图. (提示 bar(x,y))

2.2 5 年某地区住房修建统计 $y221 = (2.5\ 3\ 4.5\ 5,2.8)$（单位：万套），入住率 $y221 = (2\ 2.2\ 3\ 2.5\ 1.8)$, 画出面积图.

（提示 x = 1:5,area(x,y221, 'facecolor', [0.75 0.6 0.9],'edgecolor','b') ;hold on , area(x,y222, 'facecolor', [0.5 0.9 0.7],'edgecolor','g')

2.3 随机生成 50 维向量 $y22$，画出分 5 组的数据直方图.（提示 hist(y,n)）

2.4 由以下数据绘出饼形图 $y23 = (46\quad 75\quad 148\quad 214\quad 98\quad 35)$，并抽出第四块.（提示 pie(y)）

2.5 调用函数数据绘其平面等高线，绘图数据用 [x,y,z] = peaks(30) 生成.（提示 contour(x,y,z,15)）

第三大题 应用问题：作数据饼形图及条形图.

初中毕业生状况统计：

某年代欧洲若干国家的初中毕业生升学、就业统计数据如下表所示，作出饼形图及条形图，以便分析不同国家对青年培训的做法上的差异.

国家	高中/%	职教/%	技校/%	已或未就业/%
比利时	56	36	4	4
德国	21	19	51	9
卢森堡	31	31	23	15
法国	27	40	14	19
意大利	21	51	24	4
荷兰	26	29	9	36
爱尔兰	56	10	5	29
丹麦	24	13	31	32
英国	32	10	14	44

（提示：pie( ),bar()）

第四大题 绘制动态图.

4.1 应用函数 comet(x,y)作二维动态曲线图（西瓜图）：

$$l:\begin{cases} x = \sin(t), \\ y = t\cos(t), \end{cases} \quad (-0.5\pi \leqslant t \leqslant 0.75\pi)$$

4.2 应用函数 comet3(x,y,z)作三维动态曲线图：

$$l:\begin{cases} x = 2t^2, \\ y = 2\sin(t), \quad (0 \leqslant t \leqslant 100) \\ z = 5\cos(3t), \end{cases}$$

（提示：t = 0:0.01:100 运行时将图形窗口放在可视的旁边）

10.5 线性代数实验

第一大题 创建矩阵.

1.1 用元素输入法创建矩阵：

$$A1 = \begin{pmatrix} 1 & 3 & 5 & 7 \\ 2 & 4 & 6 & 8 \\ 9 & 8 & 6 & 3 \\ -6 & 0 & 4 & 3 \end{pmatrix}, \quad A2 = \begin{pmatrix} 3 & 5 & -2 & 3 \\ 4 & 8 & 3 & 0 \\ 6 & 7 & 4 & -1 \\ 2 & 5 & 6 & 9 \end{pmatrix}$$

1.2 创建符号元素矩阵：

$$A3 = \begin{pmatrix} x1 & x2 & x3 & x4 & x5 \\ y1 & y2 & y3 & y4 & y5 \end{pmatrix}, \quad A4 = \begin{pmatrix} \sin x & x^2 \\ 1+x & \cos x \end{pmatrix}$$

1.3 生成 4 阶随机整数矩阵 **B**.

1.4 由向量 t = [2 3 4 2 5 3]生成范德蒙矩阵 F.

1.5 用循环生成 3~7 阶幻方阵 $C3~C7$.

1.6 用函数创建矩阵：4 阶零矩阵 Q；4 阶单位矩阵 E；4 阶全壹矩阵 N.

1.7 用前面题目中生成的矩阵构造 8×12 阶大矩阵：

$$A6 = \begin{pmatrix} B & E & Q \\ N & C4 & A1 \end{pmatrix}$$

第二大题　向量计算.

2.1 计算：$a21$ 是 $A1$ 的列的最大元素构成的向量，并列出所在位置. 提示：[a21,i] = max(A1)

　　$a22$ 是 $A1$ 的列的最小元素构成的向量，并列出所在位置.

　　$a23$ 是 $A1$ 的列的平均值构成的向量.

　　$a24$ 是 $A1$ 的列的中位数构成的向量.

　　$a25$ 是 $A1$ 的列元素的标准差构成的向量.

　　$a26$ 是 $A1$ 的列元素的和构成的向量.

2.2 计算：$a27 = A1+A2$；$a28 = A1×A2$

2.3 取矩阵 $A2$ 的 1, 3 行与 2, 3 列的交叉元素做子矩阵 $A29$.

2.4 已知向量组 M：

$$a_1 = \begin{pmatrix} 1 \\ -2 \\ 2 \\ 3 \end{pmatrix}, \quad a_2 = \begin{pmatrix} -2 \\ 4 \\ -1 \\ 3 \end{pmatrix}, \quad a_3 = \begin{pmatrix} -1 \\ 2 \\ 0 \\ 3 \end{pmatrix}, \quad a_4 = \begin{pmatrix} 2 \\ -6 \\ 3 \\ 4 \end{pmatrix}$$

（1）求向量组 M 的秩；

（2）判断 M 的相关性；

（3）写出 M 的一个极大无关组；

（4）将其余向量用极大无关组线性表示.

第三大题　矩阵运算.

3.1 生成 6 阶随机整数矩阵 A.

3.2 定义 $A31$ 等于 A 的转置；$A32$ 等于 A 的行列式；$A33$ 等于 A 的秩.

3.3 判断 A 是否可逆. 若 A 可逆，定义 $A34$ 等于 A 的逆，否则输出"A 不可逆".

3.4 求 A 的特征值向量 X 与特征向量矩阵 D.

3.5 用键盘输入随机整数 6 阶阵 B，用初等变换法编程化 B 为上三角形矩阵.

（提示：先判断主元 $B(j,j)$ 是否为零，若不为零则 $B(i,:) = -B(j,:)/B(j,j)*B(i,j)+B(i,:);$ ）.

第四大题　求方程组的通解.

4.1 已知线性方程组：

$$\begin{cases} x_1 - 5x_2 + 2x_3 = 11 \\ 5x_1 + 3x_2 + 6x_3 = -1 \\ 2x_1 + 4x_2 + 2x_3 = -6 \end{cases}$$

输出方程组是否有解，若有解，求出解，并将通解用注释语句放在该题程序下面.

4.2 求解方程组：

$$\begin{cases} x_1 + 2x_2 + 4x_3 + 6x_4 - 3x_5 + 2x_6 = 2 \\ 2x_1 + 4x_2 - 4x_3 + 5x_4 + x_5 - 5x_6 = -1 \\ 3x_1 + 6x_2 + 2x_3 + 5x_5 - 9x_6 = 3 \\ 2x_1 + 3x_2 + 4x_4 + x_6 = 4 \\ -4x_2 - 5x_3 + 2x_4 + x_5 + 4x_6 = -2 \\ 5x_1 + 5x_2 - 3x_3 + 6x_4 + 6x_5 - 4x_6 = 5 \end{cases}$$

（由行最简形式(rref)写出通解并将通解用注释语句放在该题程序下面．）

第五大题 化下列二次型为标准形．

5.1 已知二次型 $f = 2x_1^2 + x_2^2 + 4x_3^2 + 2x_1x_2 - 2x_2x_3$，写出二次型矩阵 A，求出 A 的特征值与特征向量．

5.2 将二次型 $f = x^T A x$ 化为标准型．其中

$$A = \begin{pmatrix} 1 & 1 & -2 & -3 & 0 & 0 \\ 1 & 2 & 1 & 4 & 0 & 3 \\ -2 & 1 & -1 & 2 & -3 & 1 \\ -3 & 4 & 2 & 1 & -1 & 2 \\ 0 & 0 & -3 & -1 & -4 & 4 \\ 0 & 3 & 1 & 2 & 4 & -1 \end{pmatrix}$$

由 A 的特征值输出标准形，并给出正交变换矩阵 P．

第六大题 多项式计算．

6.1 用向量 $C1 = [4\ 2\ 6\ 2\ 7\ 5\ 8]$ 构造多项式．提示 poly2sym(C1)

6.2 已知多项式 $f(x)$ 有零点，即方程 $f(x) = 0$ 的根 $r_1 = 1, r_2 = 4, r_3 = 7$，构造出多项式．

（提示：$C = \text{poly}(r)$，poly2sym(C)）

6.3 求 $x^3 - 2x^2 + 4x - 6 = 0$ 的根．提示：root(C)

6.4 求方程 $x^4 - 9x^3 + 21x^2 + x - 30 = 0$ 的根．

6.5 已知两个多项式

$$f_1(x) = x^5 + 4x^3 - 3x^2 + 9, \quad f_2(x) = x^3 - 6x^2 + 4x + 8$$

求：$g_1 = f_1 + f_2$；$g_2 = f_1 * f_2$；$g_2 = f_1 \div f_2$．（提示：加法系数向量须补成同维向量）

6.6 求 $f(x) = 3x^6 + 5x^5 - 2x^4 + 4x^3 + 6x^2 - 7x + 1$ 的导数．（提示：polyder(C)）

6.7 求多项式 $f(x) = x^6 - 7x^5 + 8x^4 - 6x^2 + 9x$ 在给定点 $x = [3, 2, 1]$ 时多项式的值．（提示：polyval(C,x)）

6.8 已知数据如表 10.1 所示

表 10.1

x	1	3	5	7	9	11	13	15
y	1.9221	−1.8389	−0.3916	2.1648	−1.4101	−0.9911	2.2351	−0.8691

分别用 5 阶、6 阶多项式进行拟合，并画出原数据点及拟合曲线图．

（提示：$C = \text{polyfit}(x,y,n)$）

第七大题　线性代数应用实验.

问题： Hill 密码的加密、解密与破译.

甲方收到乙方从网上发来的密文信息，按照约定，密钥为二阶矩阵 **A**，汉语拼音的 26 个字母与 0 ~ 25 的整数建立一一对应的关系，甲可根据密钥解密获得的密文信息（见表 10.2）.

表 10.2　明文字母表值

A	*B*	*C*	*D*	E	F	*G*	H	*I*	*J*	*K*	*L*	*M*
0	1	2	3	4	5	6	7	8	9	10	11	12
N	*O*	*P*	*Q*	*R*	*S*	*T*	*U*	*V*	*W*	*X*	*Y*	*Z*
13	14	15	16	17	18	19	20	21	22	23	24	25

7.1　确定一句六字以上的中文信息，加密成密文.

解法提示：

第一步：将中文信息用拼音字母写出；

第二步：对照字母数值表将其用数值表示；

第三步：将数值按每列 2 个数字次序构成 2 行若干列矩阵 **B**，若非偶数个数字，最后填 0.

第四步：用密钥矩阵 **A** 左乘得 **C** = **A*B**

第五步：对 **C** 模 26 求余得 **C**1：C1 = rem(C,26)　　　　%求余运算

第六步：对应字母数值表将 **C**1 按列次序写成一串字母，作为密文发布给对方.

7.2　将收到对方的密文，解密成原中文信息.

解法提示：

第一步：将收到的一串字母密文信息对应字母数值表用数值写出；

第二步：将数值按每列 2 个数字次序构成 2 行若干列矩阵 **B**1；

第三步：求密钥矩阵 **A** 的模 26 逆矩阵 **A**1.

算法：

（1）求 **A** 的行列式 *Ad*.

（2）查模 26 倒数表（见表 10.3）得 *ad*.

（3）求 **A** 的伴随矩阵 *Ab*.

（4）*A*1 = *ad**Ab+5*26（加后项为去负数）

（5）*A*1 模 26 求余得逆阵 *a*1，*a*1 = rem(*A*1,26)

第四步：**B**2 = *a*1***B**1

第五步：对 **B**2 模 26 求余得 **B**3.

第六步：对应字母数值表将 **B**3 按列次序写成一串拼音字母.

第七步：由拼音还原成中文原文.

表 10.3　模 26 倒数表

a	1	3	5	7	9	11	15	17	19	21	23	25
a^{-1}	1	9	21	15	3	19	7	23	11	5	17	25

统一密钥 $A = \begin{pmatrix} 3 & 5 \\ 1 & 4 \end{pmatrix}$.

10.6　一元微积分实验

第一大题　函数运算.

1.1　函数式 m 文件中定义分段函数：

$$f1=\begin{cases} 4x^3+5\sqrt{x}-7, & x>0 \\ x^2+\sin(x), & x\leqslant 0 \end{cases}$$

并计算函数值：$f1\left(-\dfrac{\pi}{2}\right), f1(-3), f1(9), f1(16)$.

1.2　用字符型函数定义分段函数 $f2$：

当 $x<0$, $f2=\sin(5x)+6x^3$；

当 $x\geqslant 0$, $f2=e^{2x}+3x$，

求 $x=-2, -1, 0, 1, 2, 3, 4$ 时的函数值.

1.3　已知 $f3=\dfrac{1+x}{x-3}$，求其反函数.

1.4　已知两个函数：

$$f4=3x^4+5x^3-6x^2+7, \quad g4=8x^3+2x^2+x-9$$

求：$u1=f4+g4 ; u2=f4-g4 ; u3=f4*g4 ; u4=f4/g4 ; \quad u5=f4(x)^{g4(x)} ; \quad u6=f4(g4(x))$.

1.5　已知 $f5(x)=-452x^2+224x^3+60x^4-296x+320$，

（1）定义函数；

（2）给出排版形式的函数；

（3）因式分解函数；

（4）转换成嵌套形式；

（5）求解代数方程 $f5(x)=0$.

1.6　求 $g6(x)=xe^x-2x^2+5$ 在 $[-2,2]$ 上的零点.

第二大题　一元微积分.

2.1　定义函数 $y=x^2\left(3^{\frac{1}{x}}+3^{\frac{-1}{x}}-2\right)$，计算：$y1=\lim\limits_{x\to\infty}y$.

2.2　求极限：$y21=\lim\limits_{x\to 0+0}x\ln\sin x, \quad y22=\lim\limits_{x\to\infty}(\sin\sqrt{x^2+1}-\sin x)/x$.

2.3　对第二大题第 1 小题定义的函数 y 求导：$y3=\dfrac{dy}{dx}$.

2.4　求 y 对 x 的不定积分：$y4=\displaystyle\int y(x)dx$.

2.5　求 y 在 $[3,5]$ 上的定积分：$y5=\displaystyle\int_3^5 y(x)dx$.

2.6　将函数 $f=\sin(x)$ 在 $x=0$ 点展开成泰勒展开式 7 项.

第三大题　判断分段函数在分界点处的连续性：

$$y=\begin{cases} \sin(x)+1, & x\geqslant 0 \\ e^x+x, & x<0 \end{cases}$$

第四大题 求下列函数的各阶导数.

4.1 $y = \sin(x^3)$，求 y'.

4.2 $y = \sqrt[6]{x} + \sqrt[5]{a} + \sqrt[x]{x}$，求 y'.

4.3 $y = \arctan(\ln x)$，求 y''.

4.4 $y = \dfrac{x \arcsin x}{\sqrt{1-x^2}} + \ln(1-x^2)$，求 y''.

第五大题 求下列函数在给定范围内的极值点 x_0，并给出极值.

5.1 $y = 2x^3 - 6x^2 - 18x + 7$，在 $(1,2)$ 范围内的极小值.

5.2 $y = x + \text{sprt}(1-x)$，在 $(0,1)$ 范围内的极大值.

第六大题 求下列函数的不定积分.

6.1 $\displaystyle\int x^5 \cos(x^3) \mathrm{d}x$.

6.2 $\displaystyle\int \sin^{10} x \mathrm{d}x$.

6.3 $\displaystyle\int \dfrac{\mathrm{d}x}{\sqrt[3]{(x+1)^2(x-1)^4}}$.

第七大题 求下列定积分.

7.1 $\displaystyle\int_0^1 \sin\sqrt[6]{x}\,\mathrm{d}x$.

7.2 $\displaystyle\int_1^2 \dfrac{\mathrm{d}x}{(x+1)\sqrt{x^2-1}}$.

第八大题 定积分应用.

8.1 用函数式 m 文件建立求平面面积的通用函数.

调用通用函数计算 $y = x^2$ 和 $x = y^2$ 围成的面积.

8.2 用函数式 m 文件建立求曲线弧长的通用函数.

第九大题 解微分方程.

9.1 求微分方程 $2y'' + y' - y = 2\mathrm{e}^x$ 的通解.

9.2 求微分方程 $y'' + y + \sin(2x) = 0$ 满足初始条件 $y(\pi) = 1, y'(\pi) = 1$ 的特解.

调用通用函数求渐伸线：$\begin{cases} x = 2(\cos(t) + t\sin(t)) \\ y = 2(\sin(t) - t\cos(t)) \end{cases}$ 在 0 到 π 的一段弧长.

9.3 用函数式 m 文件建立求旋转体体积的通用函数.

调用通用函数求平面曲线 $y = x\,\hat{}\,2 * \sin(x)$ 绕 x 轴所得旋转体体积.

10.7 多元微积分实验

第一大题 求下列函数的偏导数.

1.1 设 $z = \arctan\dfrac{x+y}{1-xy}$，求 $\dfrac{\partial z}{\partial x}, \dfrac{\partial z}{\partial y}, \dfrac{\partial^2 z}{\partial x \partial y}$.

1.2 已知 $z = (x^2 + 2y)\mathrm{e}^{xy}$，求全微分 $\mathrm{d}z$.